Ums Eck gedacht

Katrien Lismont

Mit Distanzkontrolle zur besseren Kooperation mit dem Hund

© 2019 KYNOS VERLAG Dr. Dieter Fleig GmbH
Konrad-Zuse-Straße 3 • D-54552 Nerdlen/Daun
Telefon: 06592 957389-0
Telefax: 06592 957389-20
www.kynos-verlag.de

Gedruckt in Lettland

2. Auflage 2019

ISBN 978-3-95464-194-9

Bildnachweis: Alle Fotos www.tierfotografie-winter.de, außer: Katrien Lismont: S. 7, 9, 16, 17, 22, 31, 39, 75, 115, 127, 129, 141; Daphne Mpaltsidis: Titelfoto; S. 111, 143; Viviane Theby S. 19;

Das Werk einschließlich aller seiner Teile ist urheberrechtlich geschützt.
Jede Verwertung außerhalb der engen Grenzen des Urheberrechtsgesetzes ist ohne schriftliche Zustimmung des Verlages unzulässig und strafbar. Das gilt insbesondere für Vervielfältigungen, Übersetzungen, Mikroverfilmungen und die Einspeicherung und Verarbeitung in elektronischen Systemen.

Haftungsausschluss: Die Benutzung dieses Buches und die Umsetzung der darin enthaltenen Informationen erfolgt ausdrücklich auf eigenes Risiko. Der Verlag und auch der Autor können für etwaige Unfälle und Schäden jeder Art, die sich bei der Umsetzung von im Buch beschriebenen Vorgehensweisen ergeben, aus keinem Rechtsgrund eine Haftung übernehmen. Rechts- und Schadenersatzansprüche sind ausgeschlossen. Das Werk inklusive aller Inhalte wurde unter größter Sorgfalt erarbeitet. Dennoch können Druckfehler und Falschinformationen nicht vollständig ausgeschlossen werden. Der Verlag und auch der Autor übernehmen keine Haftung für die Aktualität, Richtigkeit und Vollständigkeit der Inhalte des Buches, ebenso nicht für Druckfehler. Es kann keine juristische Verantwortung sowie Haftung in irgendeiner Form für fehlerhafte Angaben und daraus entstandenen Folgen vom Verlag bzw. Autor übernommen werden. Für die Inhalte von den in diesem Buch abgedruckten Internetseiten sind ausschließlich die Betreiber der jeweiligen Internetseiten verantwortlich.

Inhaltsverzeichnis

Einleitung 6

1. Facettenreich und wirksam 11
Freude statt Frust 12
Das 3x3-Konzept 14
Immer nur Sitz, Platz und Bleib? 15
Ab heute wird es anders: Wie, wo, was? 18

2. Die Dreiecksübung: Was bewirkt sie? 21
Aufmerksamkeit und Konzentration 22
Kommunikation – deutlich und in zwei Richtungen 22
Selbstbeherrschung – spielerisch erlernt 24
Auslastung: vielseitig und kreativ 25
Resilienz 26
„Errorless Learning": Fehlerfreies Lernen 26
Individualität – für „jederhund" 27
Flexibilität 28
Ein artgerechtes Ventil 28
Lernen im Spiel: Der Weg ist das Ziel 29

3. Die Dreiecksübung: Wie sieht sie aus? 33
Wie behalten Sie Schwung im Dreiecksspiel? 35
    Die Rahmenbedingungen 35
    Präzision 35
    Kleine Lernschritte 36
    Die „Beute" als Belohnung 36
    Generalisierung 45

4. Die Puzzlebox 47
Sitz 48
    Vorsitz 48
    Sitz bei Fuß 50
    Sitz hinten 51
Bleib 52
Abruf 54
Aktive Umorientierung 56
Blickkontakt 57

    Einparken 59
    Handtarget 61
    Kinntarget 63
    Fußtarget 64
    Bodentarget 65
    Nasentarget 68
    Baumtarget 69
    Umrunden 70
    Such! Ein aufwertender Teil der Belohnung 74
    Weitere Ideen für Übungen 79

5. Die Dreiecksübungen – von leicht nach fortgeschritten 81
    Die Grundsätze 83
    Der Einstieg 86
    Fortgeschritten 88
    Das Viereck 93
        Viereckübung mit Bodentarget 94
        Viereckübungen mit
        Umrundung 96
    Das Fünfeck 97
    Erziehungselemente im Dreieck 102
        Autonome Umorientierung 102
        Aktive Umorientierung 102
        Bei Fuß laufen 104
        Abruf 105
        Stopp! 106

6. Troubleshooting: Was tun, wenn …? 109

7. Markertraining – positiv, gewaltfrei und effektiv 113
    Positiv – das Gleiche wie gewaltfrei? 114
    Gewaltfrei 114
    Was verändert sich,
    wenn Sie mit Ihrem Hund die Dreiecksübung spielen? 118

8. Kleine Auffrischung: Markertraining 121
    Lernen über die positive Verstärkung 122
    Muss ich markern, um erfolgreich zu trainieren? 122

Der kleine Unterschied 123
Belohnung ist Verstärkung ist Belohnung 123
Markertraining: die Praxis 124
Der Einsatz des Markertrainings..124
Die Vorteile und Auswirkungen des Markertrainings..................125
Aufbau eines Markersignals...126
Operantes Lernen 128
    Die vier Lerrmodalitäten 128

9. Balance in den Dreiecksübungen...131

Schlusswort..139

Danksagung..142

Über die Autorin 143

Hier geht's zum YouTube-Kanal **Ums Eck gedacht** von Katrien Lismont mit Beispielen für Dreiecks-, Vierecks- und Fünfecks-Übungen!

Einleitung

Seit vielen Jahren schöpfe ich zusammen mit meinen eigenen Hunden und auch mit meinen Kundenteams eine Menge Freude aus einer Übung, die auch das Dreiecksspiel genannt wird. So oft schon habe ich mir gedacht, dass eigentlich alle Hunde und ihre Halter in den Genuss dieser Beschäftigungsmöglichkeit kommen sollten, denn sie ist nicht nur ein toller Weg, um Hund und Mensch auszulasten und sinnvoll zu beschäftigen, sondern beide können über dieses „Spiel" viele Aspekte ihrer Beziehung positiv beeinflussen. Wenn beide einmal die Basisversion gut beherrschen und verstanden haben, so sind fortan der Fantasie keine Grenzen gesetzt.

Einfach erklärt geht es bei der Basisversion des Dreiecksspiels darum, dass der Hund sich an einer Stelle (A) hinsetzt, seine Person einige Meter (B) weiter eine „Beute" sichtbar auf den Boden hinlegt und sich dann wiederum einige Meter weiter auf eine Position (C) begibt, die mit (A) und (B) ein Dreieck bildet. Dann ruft sie ihren Hund zunächst zu sich, fragt eine oder mehrere Übungen ab, und als Belohnung für das Sitzenbleiben, Herkommen und für die ausgeführten Übungen wird der Hund zu seiner Beute (B) geschickt. Das setzt nicht nur ein bombensicheres Sitz und Bleib voraus, sondern auch einen guten Abruf und einige Übungen, die sehr gut unter Signal stehen. Darüber hinaus ist der Hund nicht direkt in Ihrer Nähe, wenn Sie die „Beute" und den Abruf tätigen, daher müssen Sie auf eine sichere Kooperation auf Distanz setzen können. Klingt schwierig? Nun ja, je nach Hund, seinen Vorkenntnissen und seinem Temperament ist es sicherlich eine fortgeschrittene Übung, aber keinesfalls unerreichbar. Im Gegenteil, und außerdem ist der Weg zum Ziel spannend und extrem lehrreich für beide Enden der Leine.

Mit diesem Dreiecksspiel, das sich auch in ein Vier-, Fünf- oder Sechseckspiel ausdehnen kann, können nicht nur Fähigkeiten der Basiserziehung vertieft und aufgefrischt werden, sondern es können auch die individuellen Bedürfnisse und Vorlieben eines jeden Hundes typgerecht angesprochen und erfüllt werden. Aufmerksamkeit, Konzentration, Impulskontrolle, Umorientierung, Abruf, Warten, Stoppen, Aushalten, sich Entfernen, Suchen, Apportieren, Spiel und Distanzarbeit ... all das sind nur einige Aspekte, die man in dieses Spielkonzept einbringen kann.

Denken, Planen, Handeln: Das habe ich für mich persönlich aus diesem Übungskonzept erworben. Es verhalf mir zu mehr Struktur, klarerer Kommunikation und eindeutigerem Handeln. Es tut jedem Hund gut, wenn sein Mensch lernt, saubere und eindeutige Signale zu senden – und die direkte Folge davon ist, dass der Hund schnell und einfach zum Erfolg kommt, denn er muss nicht rätseln.

Am Ende geht mir dabei meistens die Puste aus und bei den Hunden hängt die Zunge lang und tiefrot heraus, aber das Strahlen in deren Augen ... um das geht es

Gespannt und voller Erwartung auf die nächste Aufgabe.

mir bei diesem Spiel! Auch zu Beginn des Spiels sind bereits Vorfreude und positive Erwartung mit von der Partie, wenn die Basis einmal erlernt ist.

Der Hundemensch wird besser im Training, in der positiven Kommunikation (auch mit seinem Körper), im Timing, im Verabreichen der Belohnung, im Ausdenken von kreativen, aber erreichbaren Herausforderungen und im kleinschrittigen Planen. Der Hund ist von A bis Z mit voller Aufmerksamkeit dabei und weiß, dass am Ende etwas Spannendes für ihn herauskommt. Selbstverständlich wird seine Fähigkeit, komplexe Abläufe durchzuhalten, feste ausgebaut.

Persönlich konnte ich zusehen, wie unser Vertrauenskonto daran gewachsen ist. Ein Konto, das uns in weniger einfachen Momenten jederzeit zur Hilfe kommt.

Die Übung besteht nicht nur aus Selbstbeherrschung und Impulskontrolle, wozu sie ursprünglich einmal gedacht war, sondern es lernen beide, aus sich herauszugehen, zu explodieren und sich danach wieder zu „ordnen" und zu beruhigen. (Fast) alles ist erlaubt! Am Ende muss die Rechnung für den Hund aufgehen – immer.

Auch wenn Kopfarbeit im Moment wichtiger ist als körperliche Dauerauslastung, hält diese Übung, was sie verspricht. Sie bringt uns und unseren Hunden bei, „ums Eck zu denken". Gleichwohl ist es auf vielfache Art und Weise möglich, diese Übung dennoch mit Körpereinsatz und Geschwindigkeit zu gestalten.

Als ich die unten zitierten Worte von Ken Ramirez hörte, konnte ich genau nachvollziehen, was diese Übungen für unseren Alltag bedeuten und wie sehr wir davon profitiert haben. Nicht nur Hunde mit kompliziertem Verhalten, sondern auch ängstliche und unsichere Hunde profitieren eine Menge von diesen Abläufen. Sie brauchen dennoch mit Ihrem Hund gar keine Probleme zu haben, um an diesem Spiel Ihre eigene Freude zu entwickeln und ein wunderbares gemeinsames Hobby zu entdecken. Sind Sie bereit, diese Qualitätsmomente für sich und Ihren Hund zu entdecken? Lasst die Spiele beginnen!

„Ich glaube, dass komplexe Trainingsaufgaben dem Tier helfen, viele Herausforderungen, mit denen sie konfrontiert werden, besser zu lösen. Sie können Hunde darauf vorbereiten, besser mit der „Welt" klar zu kommen. Je mehr Training die Tiere erhalten, desto stärker wird ihre Resilienz, desto mehr Vertrauen gewinnen sie und desto kreativer wird das Verhalten, das sie anbieten."

Ken Ramirez
Quelle: https://clickertraining.com/the-power-of-ongoing-learning

Frauchen, mach schon! Wenn die Hunde diese Dreiecksübung einmal verstanden haben, erkennen sie bald die Anzeichen für eine neue Spielrunde und warten voller Spannung!

1. Facettenreich und wirksam

Die Dreiecksübung, um die es in diesem Buch geht, bietet – in all ihrer Einfachheit – eine Menge an Vorteilen, Wirkungen und Nebeneffekten: Die Beziehung zwischen Mensch und Hund wird verbessert und vertieft, die emotionale Balance des Hundes wird positiv beeinflusst, es werden wesentliche Fähigkeiten für den Alltag gelernt und gefestigt und es bietet sich einfach eine weite Spielfläche, auf der Mensch und Hund sich mental, körperlich und emotional austoben können.

Wir werden hier später noch genauer sehen, wie die Fähigkeiten, die Ihr Hund bei der Dreiecksübung lernen wird, für Ihren Alltag mit dem Hund relevant sind und was dies für Sie beide bedeuten kann.

Freude statt Frust

In meinem Alltag in der Hundeschule besteht mittlerweile der Löwenteil meines Einsatzes aus Verhaltenstraining. Meine Vorgehensweise, mit der ich verhaltensauffällige Hunde und ihre Menschen begleite, ist ganzheitlich und fängt nicht beim Training am Problem an. Während der Erstberatung, die ich vor jedem Training vorschalte, wird jeder Stein im Alltag, im Leben und im Zusammenleben mit dem Hund umgedreht. Es geht darum, ob der Hund sich körperlich und emotional wohl fühlt, gesund ist und sich ohne Schmerzen bewegen kann, ob er geistig und emotional befähigt wurde, das zu tun, was der Alltag und die Menschenwelt von ihm verlangen und ob er auf der emotionalen Ebene tatsächlich ausgeglichen ist. Dies gilt selbstverständlich nicht nur für Hunde, die einige Probleme haben, sondern für alle Hunde und Haustiere, die wir in unser Leben holen. Der Alltag verursacht – ohne dass wir das beabsichtigen oder kontrollieren können – genug Situationen und Momente, auf die der Hundekörper mit einer Ausschüttung von Stresshormonen reagiert. Es ist unsere Aufgabe, ein Gegenmittel zu organisieren – und das geht am besten, in dem wir dem Körper die Möglichkeit geben, Glückshormone freizusetzen.

Für diese Vorgehensweise steht uns die Hierarchie der Prozedur zur Verhaltensänderung von Dr. Susan Friedman Modell, siehe Grafik.

Zunächst muss sichergestellt werden, ob im Alltag des Hundes alles gut läuft: Haltung, Ruhepensum, Sicherheit, Ernährung, Gesundheit und körperliche Verfassung. Zu dieser Stufe habe ich ergänzend die mentale Auslastung sowie die emotionale Balance hinzugefügt. Beide sind wohl sehr dehnbare und subjektiv einzuschätzende Begriffe, wenn sie aber nicht im Lot sind, wird das Training zäh sein oder bleiben. Daher lohnt es sich, diesen Aspekt ernsthaft unter die Lupe zu nehmen. Nicht nur das Verhaltenstraining, sondern auch die normale Basiserziehung wird erschwert, wenn es dem Hund körperlich, geistig und seelisch nicht gut geht. Schließlich wollen Sie Fortschritte verbuchen.

Und genau hier liefert auch das Dreiecksspiel einen wesentlichen Beitrag: Es bringt Beschäftigung fürs Köpfchen, Spaß und Freude für die Seele und freie Bewegung für den Körper.

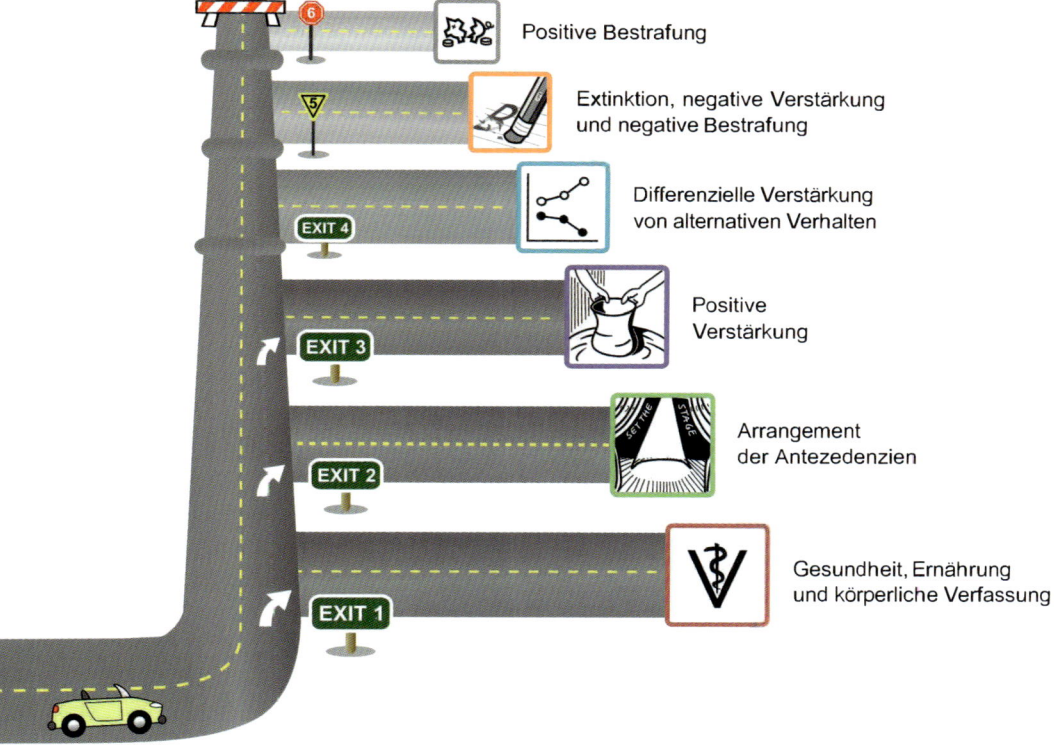

Aus diesen Betrachtungen entstand meine eigene „3x3 Herangehensweise":

Das 3x3-Konzept

❖ Eine gute Haltung, ein gutes Leben.
Was dies beinhaltet, wurde unter dem vorigen Punkt bereits beschrieben.

❖ Zeit und Raum für Selbstwirksamkeit.
Lassen Sie Ihren Hund auch mal die Gassirunde bestimmen oder einfach nur herumtrödeln. Setzen Sie sich mal mit ihm hin und beobachten einfach, was er so treibt. Im Training bedeutet dies, dass Sie ihm Zeit fürs Denken und Umsetzen geben und nicht ständig hinterher sind. Atmen Sie beide mal durch.

❖ Erziehung und Training mit positiver Verstärkung.
Für ein effektives Training und eine gute Erziehung ist Strafe nicht notwendig. Achten Sie darauf, dass Sie festhalten, was Ihr Hund richtig macht und schauen Sie zu, dass Sie ihm die Hilfe geben, die er braucht, um erst gar keine Fehler zu begehen.

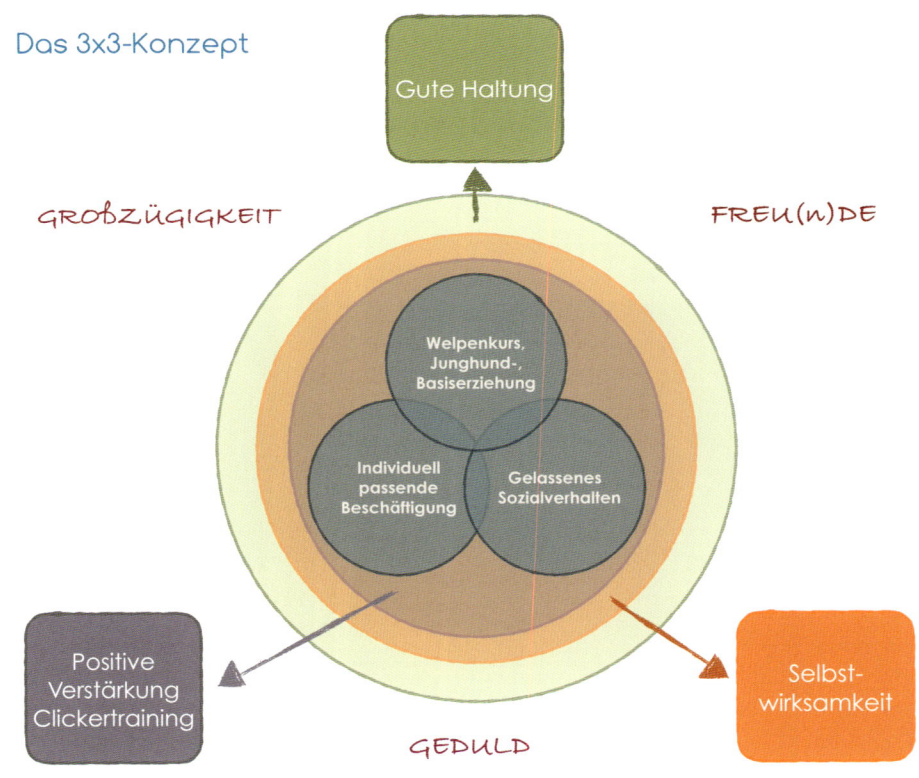

14 Ums Eck gedacht

- Welpenerziehung, Junghunderziehung, Basiserziehung.
  Es ist unsere Aufgabe, dem Hund die Basisfähigkeiten für ein Zusammenleben mit uns und in unserer Menschenwelt zu vermitteln. Alles andere kann man als leichtsinniges Experiment betrachten und wird früher oder später zu Problemen führen. Zu bezahlen hat es meistens der Hund.

- Soziales Verhalten erlernen.
  Dies gilt nicht für Interaktionen mit seinen Artgenossen, sondern auch mit den Menschen, Kindern, und allen Verkehrsteilnehmern, denen wir so auf unseren Gassirunden begegnen.

- Individuell passende Beschäftigung ermöglichen.
  Hier kommt unsere Dreiecksübung wie gerufen, denn man kann sie individuell auf jeden Hund zuschneiden.

Dies alles begleitet von:

- Freude und Freundschaft.
  Trainieren Sie mit einem Lächeln. Es hängt kein Leben davon ab.

- geduldigem Umgang und kleinschrittigem Vorgehen.
  Werden Sie eine gute Beobachterin, und Sie werden sehen, wann genau Ihr Hund auf dem richtigen Weg ist oder verwirrt ist. Passen Sie Ihre Schritte an sein Lerntempo an.

- Großzügigkeit in der Verstärkung und im Nachsehen bei Fehlern.
  Lernen Sie aus seinen Fehlern, denn es sind die Ihrigen. Passen Sie die Übung wieder an, so dass Ihr Hund fehlerfrei lernen kann.

Immer nur Sitz, Platz und Bleib?

Ja, sicher gehören diese Fähigkeiten zu den Basisanforderungen, die wir täglich an unsere Hunde stellen. Ich höre ab und zu, dass es unnötig und auch nicht artgerecht sei, von den Hunden immer wieder ein „Sitz" zu verlangen, oder dass ein „Platz" eigentlich gar nicht notwendig sei, um glücklich durch den Alltag zu kommen. Sicherlich kommt der Hund so auch durchs Leben.

Dennoch: Viele dieser Verhaltensweisen, die wir in der Grunderziehung von den Hunden erwarten, sind gar nicht so unnatürlich, wie es gerne ab und an geschildert wird. Wenn man sich Welpen anschaut, wird man sehr häufig beobachten können, dass sie sich oftmals von sich aus hinsetzen. Mein Eden zum Beispiel setzte sich als Welpe sehr häufig hin, wenn er Zeit brauchte, um etwas Gesehenes zu verstehen oder besser einzuschätzen. Auch heute noch, als Junghund, nimmt er sich immer etwas zurück und betrachtet die Situation im Sitzen. Ich werde ihm das nicht wegnehmen und finde dieses Verhalten auf jeden Fall eine bessere Idee, als wenn er unvermittelt und ohne Überlegung mit seinem Kraftkörper irgendwo hin stürmen würde. Eine schöne und ganz praktische Haltung für Hunde im Alltag. Ein sitzender oder auch liegender Hund hat eine Position eingenommen, die mehr Ruhe vermittelt als das Stehen. Gar nicht so unklug in vielen Alltagssituationen! Um nur einige Beispiele zu nennen: Das Warten, die Untersuchung beim Tierarzt, die Behandlung beim Hundefriseur oder auch bei der Hundephysiotherapeutin werden durch diese Fähigkeit unheimlich erleichtert – meistens zum Wohle des Hundes.

Wenn ich ein Beratungsgespräch mit neuen Kunden führe und nachfrage, was so während des Spaziergangs passiert, kommt sehr häufig, dass tatsächlich genau diese wenigen Fähigkeiten abgefragt werden: Der Hund sollte sitzen bleiben, Frauchen/Herrchen entfernt sich ein paar Meter, und dann wird er abgerufen. Das ist zwar gut, aber wenig ... und vielleicht sogar etwas öde.

Und sind wir mal ehrlich, wenn die Grunderziehung so weit im Kasten ist, dürfen unsere Hunde gern noch einige Fähigkeiten mehr kennenlernen, ohne dass dies in einer großen Trick-Palette ausufern muss. Und das ist auch eine Aussage, die ich sehr häufig von meinen Kunden und Kundinnen zu hören bekomme: Ich möchte mehr mit meinem Hund machen, aber mir fällt nichts ein.

Und da kommt dann wieder unser Dreieck ins Spiel: damit wir auch bei dieser Übung nicht in einfallslose Wiederholungen verfallen, ist es eine gute Idee, ein schönes Repertoire an Fähigkeiten und Übungen mit dem Hund aufzubauen. Diese können dann wiederum in die Dreiecksübung variabel – im Wechsel oder kombiniert – einfließen und sorgen jedes Mal für Spannung und Abwechslung. Auch unser Geist wird flexibel und neugierig und wir suchen immer wieder nach neuen Kombinationsmöglichkeiten, die den Ablauf spannend machen und somit die Aufmerksamkeit und die Kommunikation ausbauen. Es gibt eigens zum Aufbau dieses Repertoires ein Kapitel in diesem Buch, die „Puzzlebox" (s. S. 47), in dem eine Reihe an Fähigkeiten vorgestellt wird, und selbstverständlich werden die Übungsanleitungen dazu zu finden sein.

Es gibt so viele Möglichkeiten, den Hund unterwegs sinnvoll zu beschäftigen.

Ab heute wird es anders: Wie, wo, was?

Wie kann man diese Übung in den Alltag einführen? Sehr einfach: Sie fangen im kleinen geschützten Rahmen an: der eigene Garten, ein Innenhof, eine Wiese, die Ihr Hund sehr gut kennt oder ein ruhiges Fleckchen an Ihrer Gassirunde. Nach und nach wird die Übung zu einem Ritual, und Ihr Hund weiß, dass am Ende seine Beute ganz sicher auf ihn wartet. Nach und nach kann man die Distanz und den Schwierigkeitsgrad ausbauen. Wer daran Spaß hat, kann aus dieser Übung richtige Distanzarbeit mit seinem Hund entwickeln.

Wo kann man sie einsetzen? Auch hier wieder sind der Fantasie keine Grenzen gesetzt. Ursprünglich mal gedacht als Impulskontrollübung beim Dummytraining, kann man diese Übung überall ausführen. Was braucht man dazu? Ein bisschen Platz, eine gute „Beute" (Futter oder Spielobjekt) und einen Plan dazu, was man vom Hund abfragen möchte oder könnte. Im Garten, unterwegs, im Urlaub, auf der Wiese, im Wald, am Strand … wo auch immer man mit seinem Hund Spaß haben möchte.

Was kann man bei der Übung machen? Eine fast unbegrenzte Menge an einzelnen Handlungen und Fähigkeiten oder Kombinationen daraus, die man vorher mit dem Hund trainiert hat: Umorientierung, Abruf, „Bleiben", „Stopp", alle möglichen Target-Übungen, die man auf Elemente in der Natur übertragen kann, Umrunden von Objekten, Bäumen, Sträuchern … all dies findet man auch draußen in der Natur. Dadurch vertieft man unvermeidlich aufmerksame Kooperation, Impulskontrolle, Frustrationstoleranz und komplexe Abläufe. In der Dreiecksübung wird der gern jagende Hund zu seiner Beute losgeschickt und mit einem Beutespiel ausgelastet, der reaktive Hund bekommt durch die verketteten Übungen mehr Neuronenverbindungen im Hirn, sodass er stärker auf kognitives Verhalten statt auf reaktives zurückgreifen kann. Der Hütehund kann auf Distanz zwischen den Targets oder den Umrundungsobjekten hin und her flitzen. Der Laufhund ebenso. Man kann das Dreieck nutzen, um negativ belegte Stellen auf der Gassirunde gegen zu konditionieren. Man kann die Freude und Sicherheit in Situationen, die durch bestimmte Umstände schwierig geworden sind (zum Beispiel ins Auto steigen, an einem Stromzaun vorbeikommen) wiederherstellen. Im nächsten Kapitel erfahren Sie etwas mehr hierüber.

Wo kommt die Dreiecksübung her?

Die Dreiecksübung wird beim Dummytraining dazu eingesetzt, dem Hund eine feste „Steadyness" (übersetzt: Beständigkeit, Festigkeit, in der Fachsprache „Standruhe") anzutrainieren, damit das Warten und die Ruhe vor dem Start gewährleistet sind. An einer Dummyprüfung fliegen nämlich noch andere Dummies durch die Luft als nur die, die für den eigenen Hund bestimmt sind. Dabei muss der Hund ruhig und beherrscht neben seiner Person in der Grundstellung sitzenbleiben, bis er das Freizeichen bekommt, sein(e) Dummies zu suchen und zu apportieren. Dabei darf er weder winseln, bellen oder sonstige Zeichen der Unruhe oder der Ungeduld zeigen.

2. Die Dreiecksübung: Was bewirkt sie?

Bevor wir mit dem Praxisteil dieses Buches loslegen, möchte ich noch gern auf die vielseitigen Auswirkungen dieser Übung hinweisen. Vielleicht beantwortet dies die eine oder andere Frage, die bei Ihnen aufkommt, wenn Sie mit den Übungen begonnen haben. Denn sie haben nicht nur einen einzelnen Effekt auf das Zusammensein mit Ihrem Hund, sondern die Wirkungen sind vielseitig und zahlreich.

Aufmerksamkeit und Konzentration

Für mich ist der stärkste Trumpf der Dreiecksübung, dass sich Hund und Mensch während der ganzen Übung gegenseitige Aufmerksamkeit schenken – und zwar mit einer freudigen Erwartungshaltung. Zumindest wäre dies auf jeden Fall wünschenswert und ein sinnvolles Ziel. Ist das anfangs noch nicht so, dann gibt es später im Buch einige Tipps und Möglichkeiten, diese Situation zum Positiven zu verändern. Ist die Verstärkung (Belohnung) am Ende der Übung sorgfältig ausgewählt, wird auch genau diese Aufmerksamkeit beim Hund noch einmal verstärkt. Zu den Verstärkungen kommen wir auch noch später im Buch. Sobald einige Basics wie Sitz, Platz, Bleib, Herankommen schon gut beherrscht sind, kann man mit diesen Übungen loslegen. Welpen, neue Hunde aus dem Tierschutz wie auch erwachsene und ältere Hunde erlernen oder frischen mit dieser Übung noch mal ihre Aufmerksamkeit und ihre Nähe zur Person auf.

Kann diese Übung dann die Bindung stärken? Ja natürlich, vorausgesetzt, Ihre Trainingsweise ist so, dass sie Ihrem Hund Spaß macht und keinen Druck ausübt.

Kommunikation – deutlich und in zwei Richtungen

Vorausgesetzt, Sie verlangen von Ihrem Hund in der Dreiecksübung keine Verhalten, die er noch nicht gelernt hat und die Sie nicht mit einem eindeutigen Signal belegt haben, dann wird Ihr Hund genau wissen, was er zu tun hat. Signale, mit denen Sie ein Verhalten von Ihrem Hund abfragen, sollten eindeutig sein, gut trainiert sein, und immer nur ein und das gleiche Verhalten betreffen. Der Hundehalter lernt bei diesen Übungen, wie undeutliches Verhalten die Übung stören oder gar zerstören kann. Das heißt: gute, deutliche Kommunikation ist eine wichtige Voraussetzung für das Gelingen der Übung. Wenn Ihr Hund etwas nicht versteht oder etwas anderes macht als das, was Sie geplant hatten, suchen Sie bitte zunächst die Lösung des Rätsels bei sich selber. Was wollten Sie, wie haben Sie es abgefragt, war Ihre Körpersprache im Einklang mit dem verbalen Signal?

Die Beherrschung der eigenen Körpersprache durch Gestik, Ausrichtung und Positionierung ist von genau so großer Bedeutung wie die verbalen Signale, die wir mit dem Hund einstudiert haben. Auch das wird Ihnen als Hundehalter immer stärker bewusst werden und Sie werden Meister im Einsetzen der eigenen Körpersprache werden.

> **Die wichtigsten Hinweise zum Einsatz der eigenen Körpersprache finden Sie hier:**
>
> Sichtbare und bewegende Gestik wird vom Hund vorrangig wahrgenommen. Diese Zeichen werden möglicherweise die verbalen Signale überlagern. Wenn Sie beide dennoch gern einsetzen, achten Sie darauf, dass Sie zunächst Ihre verbalen Signale geben, während Hände und Körper neutral gehalten werden, und erst danach das Körpersignal.
>
> ◆ Überlegen Sie sich genau, welches Signal Sie verbal und körperlich geben. Diese sollten beide eindeutig, übereinstimmend und bekannt sein.
>
> ◆ Wenn Sie möchten, dass Ihr Hund gern und flott zu Ihnen kommt, stellen Sie sich lieber etwas seitlich auf anstatt frontal, denn Hunde mögen frontale Annäherungen nicht so gern und oftmals verzögert oder verlangsamt es das Herankommen.
>
> ◆ Stehen Sie am liebsten locker und aufrecht anstatt vorübergebeugt. Letzteres können manche Hunde als etwas bedrohlich empfinden und es verzögert einfach ebenfalls das Herankommen oder das Bleiben in Ihrer Nähe.
>
> ◆ Geben Sie Ihrem Hund ausreichend Distanz, so dass Sie ihn nicht körperlich bedrängen oder einschränken, wenn Sie etwas von ihm abfragen, auch, wenn er in Ihrer Nähe sein soll. Je nach individuellem Bedürfnis können Sie das meistens an seiner Körpersprache beobachten: der eine Hund steht auf und vergrößert die Distanz zu Ihnen, der andere bleibt sitzen, aber schaut weg, ein weiterer kann nicht auf Ihr Signal reagieren. Im Zweifel nehmen Sie einen Schritt Abstand und halten den Körper locker und gerade und nicht vorübergebeugt.
>
> ◆ Halten Sie Hände und Arme ruhig und niedrig. Je mehr Gestik Sie produzieren, desto mehr wird Ihr Hund davon abgelenkt werden.
>
> ◆ Vermeiden Sie es, mit Ihrem Finger auf etwas zu zeigen, etwa dann, wenn Sie dem Hund helfen wollen, seine „Beute" zu finden. Hunde haben es leichter, Ihrem Blick und Ihrer Körperausrichtung zu folgen als einer zeigenden Hand, wenn sie das Fingerzeigen nicht spezifisch gelernt haben.
>
> ◆ Behalten Sie ein Lächeln im Gesicht und atmen Sie: das vermittelt Entspannung und Freude.

Kenzo hat ausreichend Distanz und wird nicht bedrängt.

Selbstbeherrschung – spielerisch erlernt

Wer hätte gedacht, dass diese Übung Impulskontrolle und Selbstbeherrschung nicht nur von Ihrem Hund erfordert? Genau dies lernen auch Sie als Trainingspartner Ihres Hundes ebenso.

Mit der Zeit werden Sie selbst feststellen, dass es dem Ablauf der Übungen nicht guttut, wenn Sie undeutlich in Ihrer Kommunikation sind oder deutliche Äußerungen von Enttäuschung oder Ärger senden. Ich persönlich habe das „Nein!", „Schade!" oder „öhöh!" komplett aus meinem Dialog mit meinen Hunden streichen können und habe es durch Schweigen oder eine wiederholte positive Anfrage ersetzt. Das trägt unheimlich zu einer positiven Stimmung und deutlichen Kommunikation bei, denn aus einem stillen Moment können Hunde auch eine Menge lernen. Vor allem werden sie in dem Moment, in dem es eh schiefzulaufen riskierte, nicht noch zusätzlich durch verbale Signale verunsichert. Ich bin nicht für das Einsetzen eines „No Reward Markers" (ein erlerntes Signal, das dem Hund vermittelt, er kann jetzt keinen Verstärker erwarten). No Reward Markers dämpfen die Stimmung und verspielen eine Möglichkeit der positiven Verstärkung. Es geht tatsächlich sehr wohl ohne.

Cody wartet voller Zuversicht darauf, wie es weitergeht.

Natürlich sind auch die Selbstbeherrschung und die Geduld des Hundes gefragt (siehe Kasten Dummytraining S.19). Genau diese Eigenschaften kommen natürlich auch in unserem Alltag zum Tragen: Spannung aushalten, etwas Trubel aussitzen, warten, aufmerksam bleiben, bis es losgeht.

Auslastung: vielseitig und kreativ

Wer kennt es nicht? Irgendwann lernt oder liest man mal etwas über eine neue Übung, man nimmt seinen Hund und den Belohnungsbeutel, geht nach draußen und setzt diese Übung um. Wenn es prima klappt, wiederholt man dies einige Male, bis Mensch und Hund die Übung aus dem Effeff kennen. Dann wird sie nur noch ab und zu durchgeführt oder gerät komplett in Vergessenheit, weil: „Das kann mein Hund jetzt, wir brauchen es nicht mehr zu üben. Und überhaupt ist es immer das Gleiche und langweilt uns!"

Das Schöne an der Dreiecksübung ist, dass man bei jeder Wiederholung etwas verändern, hinzufügen oder weglassen kann. Die Spannung bleibt erhalten, der Hund kann jedes Mal eine Überraschung erwarten: Die Variationen sind quasi endlos und die Anforderungen ebenso. Von einer kleinen, einfachen Basisübung kann man sich als Team in kurzer Zeit aber in kleinen Schritten ziemlich flott zur großräumigen Distanzarbeit weiterentwickeln. Gut ausgeführt ist dabei in jeder Ebene Freude mit dabei. Der Spaß an der Übung, am Gelingen, am Weiterkommen und an der Belohnung!

Sowohl durchtrainierte Cracks als auch blutige Anfänger kommen mit diesen Übungen auf ihre Kosten, denn von ganz einfach zu komplett verschachtelt sind alle Nuancen in der Variation möglich. Ich werde in diesem Buch einige Variationen vorstellen, und wenn man dazu die Übungen aus der Puzzlebox einstudiert, kann man die Variationen der Dreiecke mit den unterschiedlichen Übungen kombinieren. Die „Puzzlebox" ist Ihr individueller Fundus mit Übungen, die Sie und Ihr Hund erarbeitet haben. In der praktischen Anleitung gebe ich einige Beispiele. Mathematisch kommt man dann zu unendlich vielen Kombinationsmöglichkeiten. Es ist außerdem meine Erfahrung, dass man im Laufe der Zeit und der Wiederholungen kreativ wird und immer neue Kombinationen findet und austestet. Die Variationen sprechen meistens auch unterschiedliche Fähigkeiten des Hundes an und öffnen dadurch immer wieder neue Horizonte.

Resilienz

Ein modernes Schlagwort aus der Humanpsychologie: Resilienz können Sie am besten vergleichen mit einer Stahlfeder, die zusammengedrückt wird und nach dem Loslassen wieder ihre ursprüngliche Form annehmen kann. Resilienz ist die psychische und auch emotionale Widerstandsfähigkeit, die uns hilft, Rückschläge, Stress und Enttäuschungen zu verkraften und uns schnell davon zu erholen. Auch dies ist eine Fähigkeit, die unsere Hunde für unseren Menschenalltag stärker macht. Hochgradig gestresste und verängstigte oder traumatisierte Hunde haben diese Fähigkeit selten, sie brauchen ihre Energie für andere Zwecke. Auch sehr erregbare und schnelllebige Hunde kommen mit frustrierenden Situationen und Ereignissen nicht gut zurecht, weil in ihrem Kopf keine Kapazität mehr frei ist.

Genau das können wir auch in den Dreiecksübungen stärken. Nicht, in dem wir gezielt nach Möglichkeiten suchen, unseren Hund zu enttäuschen oder zu foppen, sondern vielmehr, indem wir die Verhaltensketten länger und komplizierter machen – selbstverständlich nach einem sorgfältigen und kleinschrittigen Aufbau.

„Errorless Learning": Fehlerfreies Lernen

Auch dies ist kein neuer Slogan im Hundetraining, sondern ein fester Bestandteil des Lernens und Lehrens mit positiver Verstärkung. Bereits in den 1950er Jahren war B. F. Skinner (ein prominenter Behaviorist und Urheber des Konzeptes der „operanten Konditionierung", einfach beschrieben mit: Lernen für eine Belohnung) bereits der Meinung, dass Scheitern und Fehler keine notwendigen Bestandteile des Lernens sind. Er sagte dazu:

„Wenn der Lernende Fehler macht, ist das eine Folge von schlechter Verhaltensanalyse, von einem mangelhaft gestalteten Trainingplan, von zu schnellen Schritten und von einem Mangel an für den Erfolg erforderlichen Fähigkeiten."

B. F. Skinner

Das fehlerfreie Lernen dient dazu, den Lernenden bewusst in den Lernprozess einzubinden und ihn daran zu beteiligen, in seinem Tempo, im Rahmen seiner momentanen Möglichkeiten und Kapazitäten und mit einer wohl überlegten Vorbereitung des Trainers beziehungsweise des Lernbegleiters. Wenn unser Hund dennoch Fehler macht (und vor allem, wenn es immer der gleiche Fehler ist), sollten wir nochmal über das Lernziel, die Lernschritte und die einzelnen Elemente des erwarteten Verhaltens nachdenken und sicherstellen, dass diese von unserem Hund verinnerlicht sind, bevor wir mehr von ihm verlangen. Wir sollten zusehen, dass der Rahmen für das Lernen so gestaltet wird, dass für Fehler nahezu kein Platz vorhanden ist. Das müssen wir als Mensch auch ein Stück weit erlernen, denn die „Versuch und Irrtum" – Methode steckt tief in unserer Lernkultur. Wir können aber ganz sicher da herauswachsen. Hunde, die schnell frustriert sind und eine kurze Aufmerksamkeitsspanne haben, werden durch eine sorgfältig geplante Lernsituation schnell zu einer stärkeren Kooperationsfähigkeit gelangen und so über ihre Grenzen hinauswachsen.

Zusammengefasst garantiert fehlerfreies Lernen beim lernenden Hund eine höhere Motivation, eine bessere Ausdauer und ein tieferes Vertrauen in seinen Menschen und in das Resultat seines Verhaltens. Es geht schnell und es macht stark.

Individualität – für „jederhund"

Selbstverständlich ist nicht jeder Hund in jedem Alter in der Lage, mit uns die Dinge umzusetzen, die im nachfolgenden Praxisteil des Buchs beschrieben sind. Aber jeder Hund kann (fast) alles lernen. Wichtig ist, dass wir den Lernprozess so gestalten, dass jeder individuelle Hund genau das ausführen kann, was wir mit der Übung planen. Auch Junghunde können die Dreiecksübungen in ihren Variationen bereits mitmachen, eben im Rahmen ihres körperlichen und geistigen Entwicklungsstandes. Ältere und körperlich behinderte Hunde sind ebenfalls in der Lage, zusammen mit Ihnen Spaß am Dreieckspiel zu haben, und ich vertraue darauf, dass jeder Hundehalter die Möglichkeiten seines Hundes genau einschätzen kann, damit dieser nicht überfordert wird. Dennoch... bleiben Sie nicht zu lange auf einem Niveau hängen. Sie werden sich wundern, was Ihr Hund alles lernen kann und möchte – er kann über seine Grenzen hinauswachsen, vorausgesetzt, die Lernschritte sind genau auf ihn zugeschnitten.

Wichtig zu erwähnen ist noch, dass ein Hund niemals zu alt ist, um etwas Neues zu lernen. Auch im Alter können Sie noch zusammen dieses spaßige gemeinsame Hobby entdecken.

Flexibilität

Die Liste der positiven Nebeneffekte des Dreiecksspiels und seiner Variationen ist fast endlos. In dem wir diese vielseitig und variabel gestalten können, lernt sowohl das menschliche als auch das hündische Gehirn, flexibel zu bleiben. Das ist ein wesentlicher Vorteil für Hunde, die große Probleme damit haben, sich an Veränderungen und neue Situationen anzupassen. Nach und nach wächst aus einer einfachen Übung im eigenen Garten oder in den eigenen vier Wänden eine großflächige Distanzübung mit mehreren unterschiedlichen Aufgaben, die der Hund in einer Sequenz ausführen kann. Für manche Hunde bedeutet das einen Quantensprung in der Flexibilität und Anpassungsfähigkeit, die ihnen auch im Alltag zugutekommen wird.

Aber nicht nur in der Variation der Übungen steckt das Potenzial, sondern auch in der Art und Weise, die Verstärkung zu ermöglichen. So kann der Hund sich eine Streuwiese (ein kleines Areal, auf dem wir Leckerchen ausstreuen) erschnüffeln oder ein Kauzeug suchen, oder er kann sein geliebtes Spielzeug holen, suchen, schütteln, zerren oder in die Luft werfen. Darüber hinaus kann das Gelände variieren, die Ablenkung, die Übungen, die Konstellation des Dreiecks, die Strecken und vieles mehr.

Auch Hutch macht in seinem reifen Alter noch voller Elan mit.

Ein artgerechtes Ventil

Das Dreiecksspiel beinhaltet am Ende der Übung ein Losschicken zur „Beute". Die Beute ist das, wofür er mitmacht und leistet: sie kann aus Futterstückchen bestehen und auch ein Spiel – und Apportierobjekt sein. Letzteres bietet selbstverständlich einige Möglichkeiten mehr und erhöht die Anforderungen, wenn es um das Suchen geht. Wenn Ihr Hund noch kein Interesse für ein Spielobjekt hat, können Sie

Hier lassen zwei nochmal richtig Dampf ab!

auf jeden Fall schon mit einer „fressbaren Beute" loslegen. Nicht nur, aber ganz besonders jagdinteressierte Hunde kommen hier vollends auf ihre Kosten. Denn das Loslaufen, Suchen, Finden, Spielen und Zerren entspricht dem Hund-Sein in seiner Ganzheit.

Lernen im Spiel: Der Weg ist das Ziel

Als Letztes dieser mit Sicherheit nicht ausgeschöpften Liste der möglichen Wirkungen des Dreieckspiels möchte ich noch erwähnen, dass im Laufe der Zeit und durch die vielen freudigen Wiederholungen die Beute am Ende der Übung ganz und gar nicht der einzige Verstärker ist und bleibt, sondern das ganze Spiel von Anfang bis Ende eine Ausschüttung von Glückshormonen auslösen wird. Wenn der Hund das System verstanden hat und weiß, dass der Verstärker am Ende garantiert ist, verlegen sich der Spaß und die Freude bis ganz nach vorne ins Spiel. Bei meiner Wenonah ist es so, dass sie sich bereits erwartungsvoll hinsetzt, sobald ich mit ihrem geliebten Spielzeug die Wiese betrete. Sie ist sofort dabei, präsent, neugierig und voller freudiger Erwartung. Egal, welche gemeinen Steigerungen und Kombinationen ich von ihr abfrage, sie wird sich nie wieder dazu verleiten lassen, die Beute verfrüht zu holen und wartet auf mein Freizeichen, das nach unterschiedlichen Sequenzen von Aufgaben ertönt, um loszuspurten und ihre Beute zu holen. Genau dies war für mich eine der wichtigsten Aha-Momente.

Wenonah wartet in Spannung, während ein Fünfeck vorbereitet wird.

All diese Vorteile und positiven Effekte der Dreiecksübung tragen dazu bei, dass Hunde, die mit sich, ihrem Umfeld, ihrer Umwelt und mit dem Alltag einiges an Problemen haben, sich an Hirn und Körper beanspruchenden Aufgaben ausleben können. Neue neuronale Verbindungen entstehen dadurch im Gehirn, das Gehirn wird plastischer, flexibler und sicherlich auch fähiger, in schwierigen Situationen bessere Entscheidungen zu treffen. Gerade reaktive Hunde – Hunde, die in Stressmomenten oder durch bestimmte Auslöser die Fähigkeit verlieren, kognitiv zu handeln, nicht ansprechbar sind, erstarren, explodieren oder fliehen wollen, profitieren enorm von der Neuroplastizität: denn durch das Lernen neuer Abläufe und Aufgaben wird das Gehirn immer besser in der Lage sein, die eigenen biologischen, chemischen und physischen Eigenschaften zu verändern und auszubauen. Findet eine Veränderung im Gehirn statt, so hat dies eine Auswirkung auf das Verhalten, denn Verhalten entsteht im Gehirn und im Nervensystem.

Ich möchten dieses Kapitel gern mit einigen einprägsamen Worten von Susan M. Schneider aus ihrem Buch „The Science of Consequences" abschließen:

„... Ein anregendes Umfeld, das Lernmöglichkeiten anbietet, kann tatsächlich ein Gehirn weiter ausbauen, mehr Neuronen und Synapsen wachsen lassen – und hierdurch noch mehr und schnelleres Lernen unterstützen."

Susan M. Schneider,
The Science of Consequences, Chapter 4, p. 59

Monty hat gelernt, sitzenzubleiben, auch wenn Frauchen weiter weg geht und nachher aus der Sicht verschwindet.

3. Die Dreiecksübung: Wie sieht sie aus?

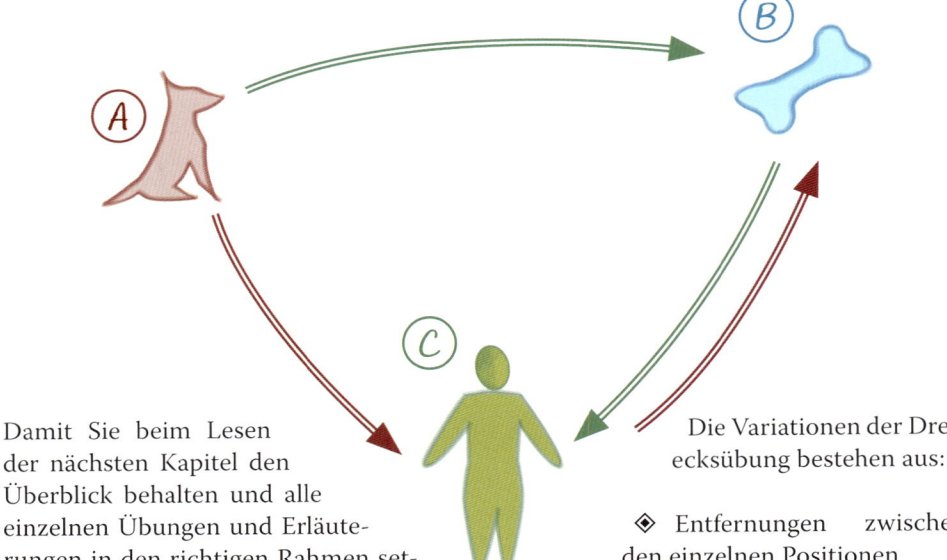

Damit Sie beim Lesen der nächsten Kapitel den Überblick behalten und alle einzelnen Übungen und Erläuterungen in den richtigen Rahmen setzen können, möchte ich Ihnen hier das Basisprinzip der Dreiecksübung nochmals in Wort und Bild darstellen.

Wie in der Grafik zu sehen, gibt es drei Stationen in der Dreiecksübung:

❖ Position A: Hier macht der Hund „Sitz" und „Bleib".

❖ Position B: Hier legt die Person die „Beute" aus (Futter oder Objekt), während der Hund sitzen bleibt.

❖ Position C: Hierhin begibt sich die Person und von dort ruft sie den Hund zuerst zu sich.
Je nach Trainingsstand werden hier erst von dem Hund ein bis vier Verhalten abgefragt (siehe Beispiele aus der Puzzlebox S. 47). Nach guter Ausführung bekommt der Hund das Markersignal und wird als Verstärker zu seiner Beute (B) losgeschickt.

Die Variationen der Dreiecksübung bestehen aus:

❖ Entfernungen zwischen den einzelnen Positionen

❖ Anzahl und Art der Übungen, die bei der Person an Position C abgefragt werden

❖ Art und Darbietung der Beute (Futter, Objekt, versteckt oder offen ausgelegt)

❖ Anzahl der Positionen à Vierecks – und Fünfecksübungen

Da wir unbedingt sicher sein sollten, dass die Übungen, die Sie auf Position C abfragen, dem Hund geläufig sind, sollten wir diese zunächst unter die Lupe nehmen. Im nächsten Kapitel finden Sie einen kleinen Fundus an Verhalten unter dem Namen „Puzzlebox". Sie können diese übernehmen, ersetzen durch Verhalten, die Sie sich bereits mit Ihrem Hund erarbeitet haben oder sie ergänzen und ausbauen. Wenn Sie sich eine eigene kleine Puzzlebox zugelegt haben, können Sie mit der Dreiecksübung starten.

Weitere Variationen der Dreiecksübung sind die Vierecks – und Fünfecksübungen. Es werden dann zu den drei Stationen noch eine vierte beziehungsweise eine fünfte Station hinzugefügt. Auch dazu lesen Sie später mehr.

Wie behalten Sie Schwung im Dreiecksspiel?

Die Rahmenbedingungen

Eine der wichtigsten Devisen beim Aufbau von neuen Übungen lautet auf Englisch: „Set up your dog for succes". Das bedeutet so viel wie: gestalte die Übung so, dass Ihr Hund nur Erfolg haben kann.

Das Leben ist wahrlich kein Ponyhof und unser Alltag bietet eine Menge Ereignisse, die wir mal mehr und mal weniger gern haben und manchmal lieber komplett vermeiden möchten. Das gilt auch für unsere Hunde: das Umfeld und die Umwelt und manchmal auch wir selber erzeugen so oft Situationen für unsere Hunde, die sie am liebsten meiden würden. Daher ist es einfach fair, wenn wir uns beim Durchführen und Aufbauen von Übungen, einerseits über ein stressfreies Lernumfeld Gedanken machen und andererseits ausschließlich auf die positive Verstärkung setzen. Dies setzt voraus, dass wir flexibel bleiben und dazu bereit sind, bei jeder Wiederholung zu überlegen, ob der Hund sie in dieser Form in diesem Moment gut ausführen kann und wird. Möglicherweise verändert sich gerade in der Umwelt etwas: Eine Person kommt dazu, jemand geht weg, es kommen Hunde und Menschen vorbei, es läuten die Kirchenglocken oder es donnert ein Trecker vorbei. Diese Veränderungen und Einwirkungen sind für unsere menschliche Wahrnehmung nicht immer vordergründig, aber unseren Hund können sie gehörig beeinflussen. Wenn etwas nicht gut klappt oder Ihr Hund weniger ansprechbar ist, dann achten Sie darauf, was die Ursache sein könnte und verändern Sie gegebenenfalls etwas an der Gestaltung: Machen Sie die Abstände kürzer, die Aufgaben leichter und weniger und schon können Sie so gut wie sicher sein, dass Ihr Hund es fehlerlos schafft. Mehr dazu unter „Fehlerfreies Lernen" auf S. 26.

Präzision

Wie bereits erwähnt, lernen Hunde sehr schnell und auch sehr gern, wenn wir ihnen mit positiver Verstärkung neues Verhalten beibringen. Der Einsatz eines Markers als Brückensignal zwischen dem Verhalten und der Verabreichung der Belohnung schenkt uns einen Turbo-Effekt. Allerdings ist hierfür ein gutes und präzises Timing erforderlich. Mit dem Marker können wir punktgenau mitteilen, was unser Hund gerade richtig gemacht hat, quasi in der gleichen Sekunde. Dadurch, dass der Marker fest mit einer darauffolgenden Belohnung verknüpft ist, bekommt er die Funktion der Ankündigung einer Belohnung. Durch richtiges Markern ist ein schnelles und genaues Lernen gewährleistet. Sind wir beim Markern zu spät, kann es sein, dass wir schon ein neues –

darauffolgendes – Verhalten bestätigt haben, eins, das wir gegebenenfalls gar nicht gern haben wollten. Es lohnt sich, sich mit Markertraining auseinanderzusetzen, um eine gute Reaktionszeit und Fingerfertigkeit zu erlangen. Mehr zu den Vorteilen und Einzelheiten des Markertrainings finden Sie unter „Markertraining" ab S. 121

Kleine Lernschritte

Es liegt in unserer Natur, zu erwarten, dass alles jetzt und sofort funktioniert. Geduld ist fürwahr nicht mehr die am weitesten verbreitete Eigenschaft, weder bei Hundebesitzern noch bei Hundetrainern. All zu oft liest man Werbungen wie „In drei Schritten zum erfolgreichen Abruf" oder „Der perfekte Abruf in nur einer Lektion". Wie soll das nur gehen? Man kann in einer Lektion sehr wohl gute Grundlagen erarbeiten, aber damit ist das Verhalten noch lange nicht gefestigt. Überlegen Sie sich, wie schnell Sie sich eine Fremdsprache aneignen können: in einer Lektion, in zwei Wochen oder in fünf Wiederholungen? Nichts von alledem, und außerdem ist jedes Individuum anders: hat andere Vorlieben, Veranlagungen, lernt schnell oder braucht mehr Zeit, hat andere emotionale oder körperliche Befindlichkeiten, und ja, zu jedem Hund gehört auch noch ein individueller Mensch, der ihm die Dinge beibringen soll. Die Aussichten auf schnellen Erfolg verleiten die trainierende Person allzu oft zu einschüchternden und bedrängenden Vorgehensweisen. Natürlich gibt es bestimmte Verhaltensweisen, die von den meisten Hunden schnell erlernt werden. Und selbstverständlich gibt es Hunde mit einem Talent oder einer erworbenen Fähigkeit, Neues schnell zu verknüpfen. Das ist jedoch nicht generell anzunehmen. Im Grunde hängt der Lernerfolg größtenteils von der Geschicklichkeit der trainierenden Person ab. Wie gut ist Ihr Timing, wie schätzen Sie die Lernphase ein, wie gut bereiten Sie die Lernsituation vor, wie gut analysieren Sie das Verhalten und die Gründe und wie komfortabel fühlt sich Ihr Hund – um nur einige Aspekte zu nennen. Wenn es mit einer Übung oder einer Variation nicht klappt, dann ist es wirklich ganz sinnvoll, die Beherrschung aller einzelnen Elemente der Übung noch einmal zu überprüfen – vom einfachsten und leichtesten Detail bis zu den eigentlichen Steigerungen. Manchmal reicht es, dieses Element zwei bis drei Mal zu wiederholen, und schon fügt sich dieses perfektionierte Stückchen einfach und flott in das Puzzle ein. Aus diesem Grund ist es wirklich wichtig, die Übungen in der Reihenfolge des steigenden Schwierigkeitsgrades umzusetzen.

Die „Beute" als Belohnung

Genauso werden Sie sich noch einmal Gedanken darüber machen wollen, wie Sie Ihren Hund belohnen können. Es gibt so viele Wege, die Belohnung zu viel mehr zu machen als nur die paar Leckerchen zu schnappen. Finden Sie es heraus!

Wenn Ihr Hund sich für andere Sachen als nur für Futter motivieren lässt, wird es erst recht spannend.

Wichtig zu wissen ist, dass Sie nicht unbedingt direkte Kontrolle über die „Beute" haben, denn diese liegt in einem Winkel des Dreiecks. Das bedeutet, dass Sie im Idealfall nicht mit einer Beute von hoher Bedeutung für Ihren Hund anfangen sollten.

happen, die man fertig kaufen kann. Probieren Sie es aus und schauen Sie, bei welchen Bröckchen Ihr Hund sofort nach dem Fressen schaut, ob Sie davon noch etwas haben: ein sicheres Zeichen, dass es ihm gefallen hat. Schauen Sie bitte zu, dass die Leckerchen ihm nicht schaden: Zucker, Getreide oder zu viel Fett vermeide ich

Dies ist nur eine kleine Auswahl an Futterbelohnungen. Jeder Hund hat seine individuellen Vorlieben.

◈ **Futterbelohnungen**

Mit Sicherheit sind die Belohnungen mit Futter die einfachste Art, ein Verhalten Ihres Hundes zu verstärken. Wichtig ist, dass Sie ihm dazu etwas anbieten, das er wirklich gern mag. Mit Futterbelohnungen kann man durchaus sehr abwechslungsreich arbeiten: es gibt nasses Futter, Trockenfutter, es gibt naturnah getrocknetes Fleisch oder Selbstgebackenes in vielen Variationen, es gibt die bewährten Wiener Würstchen, Käsebröckchen, Blutwurst für Hunde, Leberwurst aus der Tube und ganz viele Belohnungs-

gern, da wir in manchen Trainingseinheiten doch eine gehörige Menge verabreichen. Machen Sie die Häppchen klein, sehr klein, sodass Sie lieber mehrere Leckerchen nacheinander geben können als ein dickes Stück. Futterbelohnungen können Sie in der Dreiecksübung, aber auch in kleinen oder größeren „Streuwiesen" auslegen: das heißt, dass auf einem bestimmten Areal mehrere Bröckchen ausgelegt sind und der Hund diese am Ende der Übung in Ruhe zusammensuchen darf – so dauert die Belohnung länger und

der Einsatz der Nase kann der Belohnung noch eine weitere Dimension geben.
Bedenken Sie: Eine Belohnung hat nur dann einen positiven Effekt auf das Lernverhalten Ihres Hundes, wenn sie seinen Geschmack trifft und er dafür seine Seele verkaufen würde.

- **Objekte: Spielzeug, Futterdummy, Dummy, Bringsel**
Ich höre so oft: mein Hund mag kein Spielzeug und spielt nicht mit mir, oder nur ganz kurz und dann hört er von sich auf. Oder, wenn er es bekommt, zerstört er es oder läuft davon und ich bekomme es nie wieder. Oder auch: er läuft gerade mal zwei Mal hinter seinem Spielzeug her und dann interessiert es ihn nicht mehr und er geht schnüffeln. Damit ist er sicherlich keine Ausnahme.
Klar, es gibt Hunde, bei denen schaltet sich sofort der Spieltrieb ein, sobald er ein Spielzeug gezeigt bekommt. Boxer, Bulldoggen, Terrier, die meisten Hütehunde und noch viele andere sind meistens sofort dabei, wenn sie frei von Angst und Schmerzen sind, aber manchmal auch trotzdem. Und dann wiederum gibt es Hunde, die sind etwas zaghafter und zarter und lassen sich recht schnell einschüchtern, wenn Frauchen oder Herrchen das Spielzeug im Spiel immer wieder an sich nehmen möchte. Bei diesen Hunden (und auch bei den anderen) kann man mit etwas Fingerspitzengefühl das Interesse für ein Spielobjekt wecken, wenn man es spannend macht und dem Hund genug Zeit mit dem Spielzeug einräumt, statt es sofort wieder „haben" zu wollen. Es gibt natürlich Hunde, bei denen das Interesse am Spielzeug wirklich niedrig ist. Da empfehle ich, es über kleine Suchaufgaben mit ein bisschen Spannung und ganz viel Futterbelohnung am Ende aufzubauen – in sehr wenigen und kurzen Wiederholungssequenzen wird er das Interesse dafür entwickeln und sich am Spiel beteiligen. Wenn Sie diese Situation nicht ausreizen, wird er immer mehr Freude daran finden. Das kann sogar in ganz wenigen Wiederholungen geschehen.
Es ist durchaus sinnvoll, sich Gedanken zu machen, welches Spielobjekt Sie Ihrem Hund anbieten: Manche mögen es leicht, klein und flauschig, andere brauchen schwere, klobige Trageobjekte. Andere wiederum kauen zwischendurch darauf und zerstören es gern mal ein wenig. Ein Futterdummy ist eine gute Übergangshilfe zwischen Futterbelohnungen und Spielzeug – oder Dummybelohnungen.
Das bedeutet: Man muss es für jeden individuellen Hund herausfinden und nicht beim ersten Objekt aufgeben. Manchmal ist es auch sehr einfach: Sie stecken einen Tennisball in eine von Ihnen getragene Socke und lassen diese erst mal herumtragen, bringen oder suchen. Danach werfen Sie sie ab und zu mal weg und dann wiederum zerren Sie damit, und schon haben Sie etwas, das sehr vielseitig einzusetzen ist. Wenn Sie Ihren Hund gern mal mit einer kleinen „Zerrpartie" belohnen, spricht nichts dagegen (wenn sei-

ne Halswirbelsäule dadurch nicht geschädigt wird). In diesem Fall würde ich kein zu kurzes Spielzeug nehmen, sondern eins, das Sie beide halten können, ohne dass Ihre Finger in Mitleidenschaft gezogen werden.

Aufgepasst: Wer gerne zerrt, sollte zunächst das Herausgeben üben. Das ist sehr wichtig, sonst kann es vorkommen, dass Ihr Hund das Objekt nicht herausgibt und damit herumläuft oder gar wegläuft und dies zu einer selbstbelohnenden Verhaltenskette wird, bei der Sie – je nach Kraftklasse Ihres Hundes – nicht gewinnen können und die zu Ihrem gemeinsamen Spiel auch nichts beiträgt. Es würde auch die Dreiecksübung stören und gar zerstören.

Tipp: Wenn Ihr Hund gern sucht, empfiehlt es sich, das Spielobjekt in einer Farbe zu wählen, die er weniger gut mit den Augen wahrnehmen kann, sodass er sich bei der Suche wirklich und alleine auf seine Nase verlassen muss. Spielobjekte in Rot, Orange und Grüntönen kann Ihr Hund nicht von grünem Hintergrund unterscheiden. Am Anfang können Sie gern etwas in Gelb oder Blau wählen.

Meine Lieblingsobjekte bestehen aus mehreren Elementen: Ball, Plüsch und Griff aus Gurt sind elastisch, können weiter geschleudert werden, sind lang genug zum Zerren und mit den Augen nicht so gut zu unterscheiden.

Die Dreiecksübung: Wie sieht sie aus?

◆ **Premack**

Wenn wir bedenken, dass bei der Dreiecksübung kaum noch an der Person belohnt wird, sondern dass der Hund nach erfüllten Aufgaben zu seiner „Beute" losgeschickt wird, können wir annehmen, dass die komplette Verhaltenskette – das Losschicken – Loslaufen – das Suchen und Finden der Beute – und eventuell das Zerren damit – zur Belohnung gehört. Das merkt man daran, dass sich beim Hund eine gewisse Spannung aufbaut und er nach der Freigabe recht explosiv zur „Beute" lospurtet. Natürlich liegt am Ende dieses Spurtes eine tastbare Belohnung (Futter oder Objekt) aus, aber die einzelnen Elemente sind ebenfalls ein Teil der Belohnung. Wenn der Hund mit einem bevorzugten oder oft spontan gezeigten Verhalten für ein vorhergehendes (abgefragtes) Verhalten belohnt wird, wird nennen wir das „Premack-Prinzip" nach David Premack, einem amerikanischen Psychologen und Verhaltensforscher, der dies entdeckt hat.

Sie können für jeden Hund individuell die Belohnung noch aufwerten, in dem Sie für Hunde, die ein großes Laufbedürfnis haben, Elemente wie große Distanzen einbauen oder für Hunde, die sehr gern suchen, die Beute verstecken. Das Zerren nach dem Finden der Beute kann für manche Hunde die Belohnung auch qualitativ verbessern. All dies sind Elemente, die sich im Premack-Bereich befinden und die Belohnung für jeden individuellen Hund noch spannender machen können.

Die Kraft, mit der Wenonah hier lossprintet, lässt nie nach.

Wie finden Sie heraus, welches Spielobjekt Ihr Hund bevorzugt?

Sie präsentieren Ihrem Hund in einer reizarmen Umgebung (drinnen, im eigenen Garten, an einem bekannten Ort ohne Ablenkung) ein Objekt. Sie legen dies zwischen sich und Ihren Hund und fordern ihn auf, dahin zu schauen (in dem Sie selber hinschauen) und es eventuell zu nehmen. Wenn er zum Objekt hingeht, es gegebenenfalls in den Mund nimmt und damit interagiert (herumläuft, spielt, es schüttelt, es hochwirft, damit wegläuft und wieder zu Ihnen kommt), dann können Sie ungefähr die Dauer messen und auch die Energie und die Freude dieser Interaktion einschätzen. Sie können sich zurückhaltend beteiligen, jedoch nicht allzu anregend dabei sein. Auch sollten Sie das Objekt nicht sofort wieder in Ihren Besitz bringen wollen.

Sie wiederholen genau diese Prozedur mit zwei bis drei anderen Objekten. So können Sie wechseln zwischen klein und plüschig, härter, größer, mit Quietschie oder ohne und so weiter. Ein persönlicher Tipp: Nehmen Sie nicht nur einen Ball. Den Ball könnten Sie nur irgendwo verstecken oder werfen. Ich bevorzuge Spielzeuge, an denen Mensch und Hund zur gleichen Zeit Freude haben können: Ein Ball an einem Seil oder längere Plüschtiere. Der Markt rund um den Heimtierbedarf bietet hier ein pralles Angebot. Achten Sie bitte auch darauf, dass das Spielzeug nicht so lange ist, dass Ihr Hund darauf treten kann, wenn er damit herumläuft. Das kann zu Stolpervorfällen und Verletzungen führen. Möglicherweise findet er es auch einfach nicht bequem und verliert das Interesse daran.

Wenn Sie es genau wissen wollen, so können Sie nach und nach jeweils zwei Objekte zur gleichen Zeit nebeneinander präsentieren und beobachten, welches Objekt Ihr Hund am liebsten greift.

Hutch weiß genau, welches Tierchen er haben möchte.

Zerrspiel – was ist zu beachten?

Viele Hunde zerren wirklich gern und können auf diese Art und Weise richtig Energie entladen. Es ist eine schöne Möglichkeit, die Freude fürs Finden der Beute zu verlängern und dem Hund das Interesse am Spiel mit ihm zu bestätigen. Aber Vorsicht beim Zerrspiel! Damit dieses Spiel unschädlich bleibt, ist einiges zu beachten:

- Zunächst sei gesagt, dass nur mit einem Hund gezerrt werden sollte, der keine körperlichen Probleme hat. Nehmen Sie für Zerrspiele am liebsten Spielobjekte aus dehnbarem Material. Auf jeden Fall sollten diese lang genug sein, damit der Hund Platz genug hat, um nicht in Ihre Hände zu beißen. Wenn Ihr Hund am Anfang zögert oder etwas zurückhaltend ist, so geben Sie schnell und locker nach und lassen Ihren Hund im Zerren „gewinnen", indem Sie mitlaufen und dennoch etwas Spannung auf das Zerrobjekt halten. Irgendwann lassen Sie es los und er darf mit dem Spielobjekt herumlaufen. Wenn er an diesem Spiel Freude hatte, wird er gern wieder zu Ihnen kommen und es Ihnen eventuell anbieten. Wenn er das nicht tut, können Sie sich durch ein geübtes „Tauschsignal" das Spielzeug wieder geben lassen.

- Ich finde es ganz praktisch, wenn man dem Zerrspiel an sich einen Namen gibt, wie zum Beispiel „Zerren" oder „Ziehen" und es damit ankündigen kann. Auf diese Weise kann man dem Hund, auch wenn er noch auf Distanz ist, das Zerren als Belohnung versprechen. Dieses Signal bauen Sie einfach auf, in dem Sie jedes Mal vor dem Zerren das Signal geben und dann erst das Spielzeug zum Zerren anbieten.

- Von der körperlichen Perspektive her sollten Sie Ihre Hand beim Zerren auf Kopfhöhe des Hundes halten. So strapazieren Sie seine Halswirbelsäule, die unter gehörigem Zug steht, nicht zusätzlich. Wenn der Hund schüttelt, können Sie es geschehen lassen, aber bitte addieren Sie nicht noch Radius zur Schüttelbewegung, in dem Sie aktiv noch mehr schütteln. Auch das könnte für die Halswirbelsäule ungünstig sein. Wenn Sie das Zerren beenden möchten, halten Sie Ihre Hand still, geben das Signal für „Tauschen" oder „Aus" und warten, bis Ihr Hund sein Spielzeug loslässt. Markern Sie dies und nehmen Sie langsam das Objekt zu sich. Versuchen Sie, es nicht schnell wegzuschnappen oder ihn zu verwirren, in dem Sie zum Beispiel die Leckerchen nach links werfen und das Spielzeug nach rechts weggrabschen. Das Ziel ist, dass der Hund Ihnen auf Ihre Bitte seine Beute freiwillig und bewusst abgibt. Wenn das noch etwas zögerlich verläuft, bauen Sie diese Fähigkeit am besten so aus, dass Sie ihm nach dem Markersignal für das Hergeben das Spielzeug sofort zurückgeben. Wenn Sie das einige Male wiederholen, wird dies dem Hund immer mehr Sicherheit und Zuversicht geben, denn er hat gelernt, dass nach einer Tauschaktion das Spiel nicht unbedingt zu Ende ist und er die Kontrolle über seine „Beute" nicht für immer abgeben muss.

- Am Ende einer ganzen Spielreihe und nachdem Ihr Hund Ihnen die Beute zum letzten Mal gegeben hat, kündigen Sie das Ende des Spiels an (zum Beispiel mit „Pause" oder „Ende" oder „genug"). So weiß er, wann es keine Wiederholungen mehr gibt und bleibt nicht auf seinen unerfüllten Erwartungen hängen.

- Denken Sie daran: Das Spiel, das Zerrspiel im Besonderen, ist nur dann witzig und spaßbesetzt für Ihren Hund, wenn er – mit etwas Widerstand von Ihnen – gewinnen kann und die Beute auch für eine gewisse Dauer „besitzen" darf. Genau letzteres ist oftmals der Grund, warum Hunde kein Interesse für ein Spiel mit ihrem Menschen zeigen.

Zerren und Spielen werten für viele Hunde die Belohnung ungemein auf. Gewusst, wie.

Generalisierung

Mit diesem Ausdruck meint man im Tiertraining oder im Lernverhalten allgemein, dass das Erlernte nicht nur im Kontext der ursprünglichen Lernsituation umgesetzt werden kann, sondern dass der Lernende die neuen Fähigkeiten auch nach und nach in anderen und neuen Kontexten anbieten kann. Das ist sehr wichtig, denn genau dies macht Ihren Hund stärker, flexibel, alltagsfähiger und resilient (s.S. 26). Nicht nur geht es beim Generalisieren um andere und neue Orte, um mehr oder andere Umweltreize, sondern auch um neue Kombinationen und neue Abläufe der Übung. Sie formen quasi den Kontext um.

So können Sie in der Ausführung der Dreiecksübung den Abruf durch ein „Einparken" ersetzen und schauen, ob Ihr Hund versteht, wenn er einige Meter von Ihnen entfernt ist, dass er zu Ihnen laufen muss und einparkt, auch, wenn er vorher nicht direkt vor Ihnen gesessen hat – nämlich in der Position, in der er das Einparken am häufigsten geübt hat. Ein weiteres Beispiel dafür ist, wenn Ihr Hund auf Signal (zum Beispiel „Touch") Ihre Hand anstupsen kann, dass Sie ihn mit diesem Signal auf einer Entfernung zu sich rufen können und er bei Ihnen angekommen erstmal Ihre Hand anstupst.

Auch hier wiederum beeinflusst das gemeinsam positive Üben die Kommunikation mit Ihrem Hund: es wird einfacher, Sie können Ketten „abkürzen" und Ihr Hund lernt auch mental, „ums Eck zu denken".

4. Die Puzzlebox

Zuerst sollten wir uns einen kleinen Fundus an Fähigkeiten Ihres Hundes aufbauen oder vertiefen. Dieser Fundus vergleiche ich gern mit einer Puzzlebox mit mehreren Puzzlestückchen, die Sie nachher zusammenfügen können. Es sind Fähigkeiten oder Aufgaben, die abgefragt werden, nachdem Ihr Hund zu Ihnen gekommen ist (auf Station C) und bevor Sie ihn zur Belohnung zur Beute schicken. Die Puzzlebox muss am Anfang gar nicht mal so groß sein und es ist sogar wahrscheinlich, dass Sie und Ihr Hund schon viele dieser Fähigkeiten beherrschen. Sie werden jedoch feststellen, dass Sie nach und nach mehr Variation in das Spiel einbringen möchten, und dann ist eine Erweiterung der Puzzlebox wirklich von Vorteil.

Am Anfang halte ich die Aufgaben sehr leicht und sehr wenig. Nur eine einzige, leichte Übung: zum Beispiel Sitz, oder Handtarget (Hand anstupsen) oder einen deutlichen Blickkontakt. Nach und nach kann man nach dem Herankommen eine kleine Reihe von Aufgaben abfragen. Ich werde hier einige Handlungen auflisten, aber möchte darauf hinweisen, dass diese Liste keineswegs ausschöpfend ist. Die Übungen können von sehr leicht bis knifflig variieren. Was ich wichtig finde, ist dass diese Übungen hundgerecht sind, Sinn ergeben und meistens auch im „wahren" Leben eine Funktion haben können. Es ist meine persönliche Ansicht, dass unser Zusammenspiel mit dem Hund nicht wie eine Zirkusdarbietung aussehen sollte, sondern dass die Würde des Hundes bei allem respektiert werden sollte. Ebenso strebe ich kein Training an, bei dem der Hund maschinell Handlungen in einem Maße ausführt, das für Hunde nicht typisch ist. Behalten Sie die Würde Ihres Hundes im Auge.

Die einzelnen Übungen, die Sie in Ihre Puzzlebox legen möchten, sollten wirklich gut sitzen und unter Signal stehen. Ist dies nicht der Fall, so werden Sie öfters auf beiden Seiten einige Momente der Frustration erleben, und das ist nicht der Sinn dieser Dreiecksspiele. Deshalb erlaube ich mir hier, auch einige sehr einfache Übungen zu beschreiben: die ersten drei Übungen bilden die Basis der Dreiecksübung.

Sitz

Vorsitz

Sicherlich kann Ihr Hund schon „Sitz" – aber bleibt er auch sitzen, wenn Sie weggehen bzw. bleibt er sitzen, bis Sie ihm ein Freizeichen geben? Kann Ihr Hund auch Sitz, wenn Sie dies aus einer gewissen Entfernung abfragen? Wenn Sie nicht sicher sind, dann schauen Sie nochmal genau hin, denn das brauchen wir für unser Dreieckspiel.

Im Dreieckspiel wird es häufig die Ausgangsposition sein, in der Ihr Hund wartet, während Sie die Beute wegbringen und auf Position B des Dreiecks deponieren, und zwar, bis Sie ihn zu sich rufen. Aber sicherlich sind Sie meiner Meinung, dass es ganz praktisch ist, wenn jeder Hund das Sitz-Signal schnell und ohne zögern umsetzen kann.

Was ist beim „Sitz"-Signal wichtig?

◆ Entweder ein leises Sichtzeichen oder nur ein einziges verbales Signal sollten genügen. Solange Sie mehrmals um ein „Sitz"-Zeichen bitten müssen, würde ich es nicht in der Dreiecksübung anwenden, denn dann kommt diese ins Stocken.

◆ Ebenfalls ist es wichtig, dass Ihr Hund sich auch hinsetzen kann, wenn Sie ihn aus Entfernung darum bitten.

◆ In der Dreiecksübung ist das Bleiben sehr wichtig, Daher ist es von Vorteil, wenn Sie bei der „Sitz"-Übung schon berücksichtigen, dass Ihr Hund lernt, sitzenzubleiben, bis Sie ihn freigeben und somit das „Sitz" auflösen.

◆ Denken Sie daran, das „Sitz" zu generalisieren, indem Sie Ihre Distanz zum Hund variieren und vergrößern oder indem Sie Ihre Körperausrichtung verändern, Ihren Hund nicht anschauen, wenn Sie das Signal geben oder ihn auch mal auf einer Erhöhung sitzen lassen. Die Übung ist wie immer erst dann zu Ende, wenn Sie ihm das Freizeichen geben.

Jetzt können Sie Ihrem Hund auch beibringen, dass es neben dem Vorsitzen noch zwei weitere Varianten von SITZ gibt: Sitz neben mir und Sitz hinter mir.

Cody in einer perfekten Vorsitz-Position.

Sitz bei Fuß

Wenn Sie möchten, dass Ihr Hund platzsparend neben Ihnen sitzen kann, dann ist dies eine Übung für sich. Am schnellsten geht dies mit der Locktechnik:

◆ Stellen Sie sich vor Ihrem Hund auf.

◆ Nun halten Sie Ihre Hand mit dem Futter vor seine Nase. Wenn Ihr Hund sich daran interessiert zeigt, locken Sie ihn mit einer großzügigen und langsamen Ausholbewegung nach außen-hinten (wobei sich Ihr Hund um 180° dreht) – und dann bis neben Ihr Bein, sodass er mit der Nase nach vorne neben Ihrem Bein steht.

◆ Halten Sie das Leckerchen nun etwas höher und leicht über seinem Kopf nach hinten, sodass der Kopf hochgeht und der Hintern nach unten.

◆ Sobald er sich hinsetzt, ertönt Ihr Click – oder Markerwort und Sie geben ihm das Futter in der Sitzposition.

◆ Dann lösen Sie die Position auf, indem Sie Ihr Freigabewort geben und ein Futterstückchen nach vorne wegwerfen.

◆ Wiederholen Sie dieses Vorgehen mit Futter in der Hand nur einige wenige Male (im Idealfall höchstens drei Mal), danach machen Sie diese gleiche Handbewegung nur noch mit der leeren Hand (wenn notwendig, können Sie die Hand so halten, als ob sie Futter halten würde).

◆ Wenn Ihr Hund das verstanden hat, schalten Sie Ihr Signal vor, zum Beispiel „Fuß Sitz" und wiederholen die Hilfe mit der Handbewegung, bis er sitzt und Sie dies markern können.

◆ Machen Sie nun die Handbewegung immer kleiner, sodass Ihr Hund nach Ihrem verbalen Signal nur noch eine kleine Winkbewegung braucht.

Cody sitzt neben dem Bein seines Frauchens.

Sitz hinten

Im Alltag kann es durchaus praktisch sein, wenn Ihr Hund gelernt hat, sich hinter Sie hinzusetzen. Das kann ihm Ruhe und Sicherheit bieten, wenn Sie sich zum Beispiel mit anderen Personen unterhalten. Sie können ebenfalls eine ungewünschte Begegnung mit freilaufenden Hunden dadurch entschärfen und Ihren Hund in Schutz nehmen.

Die Vorgehensweise ist ziemlich genau die gleiche wie beim Sitz bei Fuß:

◈ Stellen Sie sich vor Ihrem Hund auf.

◈ Halten Sie Ihre Hand mit dem Futter drin vor seiner Nase. Wenn er sich daran interessiert zeigt, locken Sie Ihren Hund mit einer großzügigen und langsamen Ausholbewegung nach außen-hinten, bis Ihre Hand vollständig hinter Ihrem Rücken schwebt – das erfordert tatsächlich etwas Gelenkigkeit.

◈ Eigentlich ist es relativ egal, in welche Richtung Ihr Hund nun schaut, aber wichtig ist, dass Sie ihm das Sitz-Signal geben, wenn er wirklich komplett hinter Ihnen steht.

◈ Sobald er sich hinsetzt, ertönt Ihr Click – oder Markerwort und Sie geben ihm das Futter in der Sitzposition.

◈ Dann lösen Sie die Position auf, indem Sie Ihr Freigabewort geben und ein Futterstückchen nach vorne wegwerfen.

◈ Dieses Vorgehen mit Futter in der Hand wiederholen Sie einige wenige Male (im Idealfall höchstens drei Mal), danach machen Sie die gleiche Handbewegung noch mit der leeren Hand (wenn notwendig, können Sie die Hand so halten, als ob sie Futter hielte).

◈ Wenn Ihr Hund das verstanden hat, schalten Sie Ihr Signal vor, zum Beispiel „Sitz hinten" oder „Hinten" und wiederholen die Hilfe mit der Handbewegung, bis er sitzt und Sie dies markern können.

Cody hat gelernt, sich auf ein verbales Signal hinter sein Frauchen zu setzen.

◈ Machen Sie nun die Handbewegung immer weniger theatralisch groß, sodass Ihr Hund nach Ihrem verbalen Signal nur noch eine kleine Winkbewegung braucht.

Bleib

In der Dreiecksübung sollte Ihr Hund sitzen bleiben, während Sie die Beute auslegen und sich danach auf eine dritte Stelle positionieren, erst dann sollten Sie ihn zu sich rufen. Sie können sich vorstellen, dass hier eine Menge Selbstkontrolle gefragt ist.

Mit dem Signal „Bleib" bitten Sie Ihren Hund, in der vorher abgefragten Position zu verharren, bis Sie ihn freigeben. Nun haben wir jedoch schon bei unserem Sitz eingebaut, dass er dortbleibt, bis Sie ihn freigeben: ein gutes Sprungbrett, das wir nun mit einem Bleib-Signal noch vertiefen und verfestigen. Ebenfalls finde ich es für den Alltag eine sehr wichtige Fähigkeit, irgendwo zu bleiben, während Sie sich entfernen.

Wie geht es?
Jetzt haben Sie den Vorteil, dass Sie ein Sitz von Ihrem Hund abfragen können, das er nur dann auflöst, wenn Sie ihm die Freigabe geben. Das erleichtert die Bleib-Übung erheblich.

Es gibt zwei Möglichkeiten, ein etwas längeres Sitzenbleiben zu üben und zu verstärken. Ideal ist, wenn Sie erst eine Option üben, dann die zweite und dann beide im Wechsel.

Bleib, bis ich wiederkomme:

◇ Erfragen Sie ein SITZ von Ihrem Hund. Hierzu geben Sie ein Handzeichen, das ihm ein Sitzen-Bleiben signalisieren sollte: wirksam ist hier eine Hand, die mit offener Handfläche zum Hund zeigt.

◇ Gehen Sie nun einen Schritt zurück (nicht mehr), kommen dann diesen einen Schritt wieder zum Hund zurück (achten Sie darauf, dass Sie nicht zu nahe zu ihm kommen, so-

Snoopy bleibt sitzen, während Frauchen weggeht.

dass er Ihnen ausweichen möchte), markern und belohnen Sie ihn im Sitzen, geben dann das Freizeichen und laufen mit ihm ein Stückchen, damit er wirklich von seinem Fleck weglaufen kann.

◇ Das Freigabezeichen können Sie nochmals mit einer Futterbelohnung verstärken. Auch hier wieder ist die Übung erst dann fertig, wenn Sie das Freizeichen geben.

◇ Nun bauen Sie in sehr kleinen und geduldigen Schritten die Entfernung während des Bleibens aus.

◇ Wiederholen Sie die erste Stufe mit nur einem einzigen Schritt Entfernung, bis Sie merken, dass der Hund gar nicht mehr unter Spannung steht. Dann erhöhen Sie Ihre Distanz jeweils um einen Schritt. Sie kommen dabei am Ende immer zurück zum Hund und belohnen ihn noch in der Sitzposition, bevor Sie im das Freigabezeichen geben.

Bleib und komm zu mir:

◇ Die zweite Variante ist etwas einfacher, da der Hund nach der Freigabe zu Ihnen laufen darf.

◇ Fangen Sie auch hier wieder mit einem Bleib-Handzeichen an, entfernen sich nur einige Schritte (wenn Sie die erste Variante erfolgreich absolviert haben), markern Sie und rufen den Hund mit Ihrem Abrufsignal zu sich. Benutzen Sie dazu immer das gleiche Signal (s. S. 54 Abruf).

◇ Alleine das Aufstehen und Hinlaufendürfen zu Ihnen ist bereits verstärkend. Sie können ihm aber gern bei sich noch eine Futterbelohnung geben.

◇ Variieren Sie die Distanz in der Länge in kleinen Schritten.

Snoopy läuft jetzt zu Frauchen hin, nachdem er bis zum Abruf sitzen geblieben ist.

Jetzt können Sie beide Varianten im Wechsel üben, sodass Ihr Hund wirklich versteht, dass er auf ein Freizeichen oder ein anderes Signal von Ihnen warten muss, bevor er aufsteht.

Bei jeder Wiederholung einer Dreiecksübung oder einer weiteren Variante wird das Sitzen und Bleiben noch einmal vertieft werden.

Abruf

Das dritte Element in der Dreiecksübung nach Sitz und Bleib ist das flotte und sichere Herankommen zu Ihnen. Dies geschieht, wenn Sie sich auf die dritte Station der Dreiecksübungen positioniert haben, nachdem Sie die Beute auf die zweite Station oder Ecke ausgelegt haben. Das bedeutet: Ihr Hund sollte zu Ihnen kommen, obwohl er weiß und mitbekommen hat, dass Sie die Beute irgendwo ausgelegt haben. Das wird spannend.

Wie geht es?
In der Regel konnten Sie das Abrufsignal schon nutzen und vertiefen, während Sie die zweite Variante von BLEIB geübt haben. Da ist es fast sicher, dass Ihr Hund zu Ihnen kommt, denn durch das weggehen beim BLEIB bauen Sie Spannung auf und will er eigentlich am liebsten zu Ihnen kommen.

◈ Benutzen Sie immer das gleiche Abrufsignal wie zum Beispiel „Hier" oder „zu mir".

◈ Lassen Ihren Hund sitzen, gehen Sie einige Schritte weg, geben das Abrufsignal in einem freundlichen, einladenden Ton (nicht herrschen, aber bitte auch nicht quietschen). Halten Sie dabei die Stimme fröhlich und locker, und am besten lädt Ihr ganzer Körper Ihren Hund ein, auf schnellstem Wege zu Ihnen zu kommen. Eine einladende Position sieht folgendermaßen aus: nehmen Sie den Oberkörper etwas nach hinten, stellen Sie sich seitlich auf und gehen eventuell ein paar Schritte einladend nach hinten weg.

◈ Sobald Ihr Hund bei Ihnen angekommen ist, gibt es das Markersignal und eine ganz großzügige leckere Belohnung. Üben Sie dies, wenn Ihr Hund frisch, aufmerksam, locker und präsent ist. Halten Sie die Atmosphäre leicht und einladend. Vermeiden Sie es, den Oberkörper vornüber gebeugt zu halten, sondern bleiben Sie locker und aufrecht. Bedenken Sie: die Belohnung sollte verstärkend wirken. Wenn sie gut gewählt ist, läuft Ihr Hund bei der nächsten Wiederholung schneller und fröhlicher zu Ihnen.

◈ Denken Sie daran, dass Sie in dem Moment, in dem Sie den Hund rufen oder er zu Ihnen läuft, kein Futter sichtbar in der Hand haben. Erst, wenn er bei Ihnen ist, ertönt der Click und Sie geben Ihrem Hund die Belohnung oder sogar mehrere nacheinander.

◆ Auch bei dieser Übung ist es wichtig, sie sehr häufig mit einer starken Belohnung zu wiederholen. Sie können jeden oder jeden dritten Abruf mehrfach feiern, in dem Sie dabei jubeln und ihm mehrere – vor allem gute – Futterstückchen nacheinander verabreichen.

◆ Verlangen Sie anfangs noch kein „Vorsitz", wenn Ihr Hund bei Ihnen angekommen ist, sondern feiern Sie ihn sofort mit Futter, wenn er ganz nahe ist. Später, wenn alle Übungen flott laufen, können Sie den Hund ins Vorsitz rufen und dann erst markern und belohnen.

Mir ist klar, dass dies eine ganz kompakte Beschreibung für den Aufbau eines Abrufsignals ist. Sollten Sie nicht sicher sein oder es mit dieser Anleitung nicht klappen, suchen Sie sich am besten eine(n) Hundeprofi, die oder der Ihnen dabei helfen kann.

Sitz – Bleib – Abruf: Das waren die drei Basisfähigkeiten, die wir unbedingt für das Dreieckspiel brauchen.

Nun bauen wir die Puzzlebox mit abwechslungsreichen Übungen noch weiter aus. Das sind die Aufgaben, die wir nach dem Abruf abfragen und später nach und nach miteinander kombinieren können, immer anders und immer abwechselnd, sodass es nie langweilig wird.

Cody kommt in voller Fahrt zu Frauchen. Das ist nicht das Ende des Spiels!

Aktive Umorientierung

Die Umorientierung dient dazu, die Aufmerksamkeit Ihres Hundes aktiv auf sich zu lenken. Dadurch schaut er von einem anderen Ziel weg und Sie können eventuell das Schauen, das Starren oder das Scannen unterbrechen. Ebenfalls ist es eine sehr feine Verhaltensunterbrechung, falls Ihr Hund gerade irgendwo hinläuft oder schnüffelt, wo Sie es lieber nicht haben. Wenn er den Kopf in Ihre Richtung wendet, unterbricht er sein voriges Verhalten.

Wie geht es?
Auch hier sollten Sie wieder klein anfangen und zunächst in reizarmer Umgebung üben. Überlegen Sie sich ein knackiges und eindeutiges Signal, am besten einen Laut wie ein Schnalzen, ein Kussgeräusch oder einen Pfiff, etwas, das im Alltag nicht vorkommt. Da der Abstand immer recht gering sein wird, brauchen Sie hierzu keine Pfeife. Ein Wort oder gar der Name des Hundes ist ebenfalls nicht so gut geeignet. Gerade der Name wird zu oft einfach so verwendet, ohne dass ein wichtiger Verstärker darauf folgt. Das ist normal und menschlich, aber es führt dazu, dass der Name als Signal schnell seine Wirkung verlieren würde. Ein gut geübter, einzigartiger und immer gleicher Laut eignet sich viel besser, um den Blick des Hundes auch bei großer Ablenkung auf seinen Menschen zu lenken.

- Für das Training sollte sich der Hund in Ihrer Nähe befinden und gegebenenfalls angeleint sein, damit sein Radius nicht unbegrenzt ist. Im ersten Schritt verknüpfen Sie nun das Umorientierungssignal mit einer Belohnung, indem Sie den ausgewählten Laut machen und Ihrem Hund direkt anschließend ein Leckerchen geben.

- Wiederholen Sie dies fünf bis zehn Mal, bis Sie merken, dass Ihr Hund sofort die Ohren spitzt, wenn er das Umorientierungssignal hört. Bevor Sie nun weitermachen, testen Sie, ob Ihr Hund reagiert, indem Sie das Signal geben, während er gerade woanders hinschaut. Dreht er den Kopf sofort in Ihre Richtung, hat er das Signal mit der positiven Konsequenz verknüpft und Sie haben ein Umorientierungssignal etabliert.

- Nun üben Sie weiter in der Nähe Ihres Hundes. Geben Sie jetzt das Signal immer dann, wenn er gerade von Ihnen wegschaut, markern Sie ein promptes Kopfdrehen und belohnen Sie es direkt aus Ihrer Hand.

- Ich empfehle, beim Üben etwas hinter dem Hund zu stehen, damit das Muskelgedächtnis zum Kopfdrehen trainiert wird.

- Um zu erreichen, dass Ihr Hund seinen Kopf noch schneller dreht, können Sie zur Belohnung auch Futterbröckchen hinter sich werfen oder mal ein kleines Hetzspiel machen.

- Denken Sie auch bei dieser Übung wieder an eine lockere, aufrechte Haltung und machen Sie im Idealfall einen schnellen Schritt nach hinten oder drehen Sie den Körper seitlich weg, um den Hund zu sich einzuladen.

Blickkontakt

Bei dieser Übung bitten wir den Hund, uns kurz in die Augen zu schauen und Blickkontakt aufzunehmen. Für den Alltag kann dies eine gute Lösung sein, wenn Ihr Hund gern die Umgebung absucht, viel Erregung zeigt, viel und intensiv schnüffelt und ziemlich schlecht ansprechbar ist. Da frage ich gern mal einen Blickkontakt ab – sehr häufig warte ich es auch ohne Signal ab. Es ist auf jeden Fall ein leichtes, einfaches Verhalten, und man kann es sehr vielseitig verstärken. Ich warte in vielen Situation auf einen Blickkontakt von meinem Hund, und es gibt Hunderte von Situationen im Alltag, in denen ich den Blickkontakt funktional belohnen kann. Für mich ist die Tatsache, ob Ihr Hund Ihnen auf Anfrage in die Augen schauen kann, ein guter Test, um zu sehen, wie ansprechbar und gefasst Ihr Hund in einer spezifischen Situation ist. Der Blickkontakt unterscheidet sich von der Umorientierung, indem Ihr Hund gezielt in Ihre Augen schaut. Bei der Umorientierung schaut er in Ihre Richtung und wendet den Blick von einem anderen Ziel weg.

Wie geht es?
Es ist günstig, wenn der Hund vor Ihnen sitzt oder steht und die Übung nicht selbstständig abbrechen kann, indem er sich entfernt. Sichern Sie ihn, falls erforderlich, mit der Leine ab. Bei kleinen Hunden sollten Sie sich zunächst hinsetzen oder in die Hocke gehen und sich nach und nach aufrichten. Achten Sie wie bei allen neuen Verhaltensweisen darauf, anfangs mit möglichst wenig Ablenkung zu üben.

◆ Nehmen Sie ein Leckerchen in eine Hand und schließen Sie diese zur Faust. Ihr Hund soll wissen, dass sich ein Leckerchen darin befindet, aber er kommt nicht heran.

◆ Nun strecken Sie den Arm mit der geschlossenen Faust seitlich von sich weg. Ihr Hund wird möglicherweise zunächst diese Hand fixieren, aber irgendwann auch einen Blickkontakt anbieten.

◆ Genau diesen Moment markern Sie und belohnen Ihren Hund mit dem Leckerchen aus der Hand.

◆ Falls es zu einer Blockade kommt und Ihr Hund keinen Blickkontakt anbietet, sondern sich stattdessen abwartend hinsetzt und weiter die geschlossene Hand anschaut, können Sie ihm leise und unauffällig helfen: Pusten Sie leise, räuspern Sie sich oder schnalzen Sie. Sehr wahrscheinlich wird Ihr Hund jetzt zu Ihnen hochschauen. Das können Sie wie zuvor beschrieben markieren und belohnen.

◆ Wenn er sich irgendwie auf Ihre Hand „festguckt", können Sie die Hand mit dem Leckerchen hinter dem Rücken nehmen, um eine Pause zu setzen. Wenn Ihr Hund wieder „bei Ihnen ankommt", wiederholen Sie die Übung.

◆ Sobald Ihr Hund von sich aus Blickkontakt anbietet, wenn Sie ihm die geschlossene Faust mit Leckerchen darin zeigen, können Sie das Verhalten unter Signal setzen.

◆ Sagen Sie zunächst das neue Signal (zum Beispiel „Ich", „Schau", „Look") und strecken dann die Faust mit dem Leckerchen aus. Ihr Hund wird jetzt wie gewohnt zu Ihnen hochschauen, und Sie können diesen Blickkontakt markieren und belohnen. Wiederholen Sie diesen Ablauf einige Male, damit er das Signal gut verknüpft.

◆ Schleichen Sie anschließend nach und nach die ausgestreckte Faust aus, bis der Hund den Blickkontakt herstellt, wenn er nur das verbale Signal hört.

Hutch schaut seinem Herrchen aus der Einparkposition heraus in die Augen.

Einparken

Bei dieser Übung lernt Ihr Hund, von hinten zwischen Ihren Beinen durchzulaufen und sich so hinzusetzen, dass er gemeinsam mit Ihnen nach vorne blickt, aber genau zwischen Ihren Beinen sitzt. Im Alltag eine gute, platzsparende Möglichkeit, Ihrem Hund Halt und Schutz zu bieten. Ebenfalls wird diese Position im Sport gern vor einem Startzeichen benutzt (Agility, Mantrailing).

In der Dreiecksübung kann dieses „Einparken" eine interessante Alternative zu einer anderen Sitzvariante sein.

Wie geht es?

- Lassen Sie Ihren Hund vor sich stehen oder sitzen.

- Nun stellen Sie ein Bein seitlich nach außen, sodass Sie in einen Grätschstand kommen.

- Dann führen oder locken Sie mit Ihrer (zum Beispiel rechten) Hand Ihren Hund sehr langsam und mit einer großzügigen Ausholbewegung um die Außenseite Ihres rechten Beines herum und locken ihn mit der linken Hand von vorne durch Ihre Beine durch.

- Wenn der Hundekopf gerade durch die Beine nach vorne schaut, heben Sie Ihre linke Hand etwas nach oben und verlangen ein „Sitz", sodass er mittig zwischen Ihren Beinen in eine Sitzposition kommt.

- Markern Sie genau diesen Moment und diese Haltung und geben sie nachher auch wieder frei (zum Beispiel, indem Sie Ihr Freigabesignal geben und ein Futterbröckchen nach vorne wegwerfen).

- Wiederholen Sie dies einige Male immer mit der gleichen langsamen und großzügigen Bewegung Ihres rechten Armes, bis Ihr Hund versteht, dass er sich dort hinsetzen muss.

- Nach und nach schleichen Sie die Hilfe Ihres rechten Armes und das Locken mit der linken Hand aus, sodass Sie nur noch eine winkende Bewegung mit Ihrem rechten Arm machen, nachdem Sie sich in den Grätschstand positioniert haben.

- Wenn Sie feststellen, dass Ihr Hund genau weiß, was er tun muss, können Sie ein Signal vorschalten. Sprechen Sie zuerst das verbale Signal (zum Beispiel „Einparken") aus, dann erst stellen Sie ein Bein seitwärts aus, und dann machen Sie die bisher bekannte Ausholbewegung mit dem Arm.

- Sobald er richtig in der Einparkposition sitzt, können Sie dies markern und belohnen.

- Danach können Sie sich etwas weiter entfernt von Ihrem Hund aufstellen und das Einparken auf Distanz abfragen.

Mit einer langsamen, großzügigen Armbewegung bringt man den Hund in die Einparkposition.

Handtarget

Target ist das englische Wort für Zielscheibe. Wir benutzen es für alle Verhaltenweisen, bei denen der Hund ein Ziel (Target) mit einem Körperteil berühren muss. Diese Übung ist denkbar einfach und womöglich kann Ihr Hund sie bereits. Der Zweck bei der Handtarget-Übung ist, dass Ihr Hund mit seiner Schnauze an Ihre Hand stupst. Es ist egal, ob die Hand offen oder geschlossen ist, Hauptsache, Sie zeigen ihm immer die Hand in der gleichen Haltung. Sie können dies auch bald sowohl mit der linken als mit der rechten Hand üben, sodass Ihr Hund nach dem Signal schaut, welche Hand Sie meinen und die richtige anstupst.

Im Alltag kann diese Übung sehr praktisch und handlich sein: Sie kann zu einer Umorientierung Ihres Hundes dienen, und zwar mit Körperkontakt. Sie kann aber ebenfalls als Lotse dienen, wenn Ihr Hund in eine bestimmte Ausrichtung zu platzieren ist (zum Beispiel beim Tierarzt oder in der Physiobehandlung). Durch das Handtarget können Sie vermeiden, dass Sie Ihren Hund mit den Händen in eine bestimmte Position manipulieren müssen. Und außerdem kann ein Handtarget Ihrem Hund helfen, irgendwo hindurch oder herüber zu laufen, falls er davor gezögert hatte.

Wie geht es?
Zu Beginn stellen Sie sich am besten vor Ihren Hund.

- ◆ Nun strecken Sie ziemlich genau auf Kopfhöhe des Hundes entweder die linke Hand nach links oder die rechte Hand nach rechts aus (nicht nach vorn zur Nase des Hundes hin). Der Hund wird sicher neugierig an der ausgestreckten Hand schnüffeln wollen und berührt sie dabei mit seiner Nase.

- ◆ Markern Sie diese Berührung punktgenau und belohnen sie so nahe wie möglich an der Hand, auch wenn sie bei den ersten Wiederholungen eher zufällig wirkt. Alternativ legen Sie das Belohnungsleckerchen in die zuvor angestupste Hand.

- ◆ Wiederholen Sie diese Übung des Öfteren in kurzen, von Pausen unterbrochenen Sequenzen. Sorgen Sie für eine lockere Stimmung.

- ◆ Vermeiden Sie, die Hand nach vorne an die Schnauze zu bringen, denn die Übung besteht darin, dass Ihr Hund mit seiner Schnauze zu Ihrer Hand kommt.

- ◆ Sobald Ihr Hund die Hand jedes Mal berührt, wenn sie angeboten wird, können Sie das Verhalten unter Signal setzen. Hierzu sagen Sie erst Ihr gewähltes Wort (zum Beispiel „Touch" oder „Stups") und bieten anschließend die Hand an.

❖ Nach dem Anstupsen wird wie zuvor gemarkert und belohnt.

❖ Wenn Sie möchten, dass der Hund schneller auf das Signal reagiert, können Sie beim Ausstrecken Ihrer Hand einen kleinen Schritt nach hinten machen, sodass er „eingeladen" wird, schneller zu Ihnen und Ihrer Hand zu kommen.

❖ Fangen Sie erst einmal mit einer Seite an, und wenn Sie das Gefühl haben, dass die Berührung Ihrer Hand für den Hund nicht mehr aus Zufall oder zum Schnüffeln geschieht, sondern er es mit einer bewussten Absicht macht, nämlich, um den Click und die Belohnung zu erhalten, dann können Sie die Seite wechseln.

❖ Vermeiden Sie es, die Bewegung Ihrer Hand zuerst zu machen, denn dann überschattet dies Ihr neues verbale Signal.

Snoopy läuft an die angebotene Hand heran und macht ein Handtarget.

Kinntarget

Beim Kinntarget legt Ihr Hund sein Kinn auf Ihre geöffnete flache Hand.

Ich empfehle, das Kinntarget als Dauerverhalten aufzubauen. Das bedeutet, dass Ihr Hund so lange mit dem Kinn auf Ihrer Hand ruht, bis Sie es mit einem Markersignal auflösen.

Das Kinntarget ist im Alltag sehr nützlich: es kann ein „Stillhaltesignal" sein, das bei der Pflege oder bei der medizinischen Versorgung eine große Hilfe ist. Man kann es sogar zu einem Kooperationssignal ausbauen, bei dem Ihr Hund mit seinem Kinn auf Ihrer Hand signalisiert, dass er für die Behandlung bereit ist. Unterbricht er den Kinntouch, bittet er um eine kleine Pause. Dies würde uns in diesem Buch zu weit führen, aber das Basisverhalten können wir schon mal einstudieren. Das Kinntarget mit Dauer kann außerdem schlicht und einfach dazu führen, dass Ihr Hund durch das Innehalten etwas zur Ruhe kommt, wenn gerade die Erregung etwas zu hoch ist. Das Kinntarget erhöht die Fokussierung und bringt Ihren Hund in einen Kooperationsmodus.

Wie geht es?
Beim Kinntarget halten Sie Ihre Hand offen mit der Handinnenfläche nach oben.

◆ Sie können mit der anderen Hand Ihren Hund mit einem Leckerchen so locken, dass er das Kinn bis über die ausstreckte Hand bringen muss. Wenn das Kinn sich gerade über Ihrer Hand befindet, können Sie diese Position markern und belohnen.

◆ Wichtig ist, dass die Belohnung dann erfolgt, wenn das Kinn noch Kontakt mit der Hand hat.

◆ Halten Sie das Leckerchen nun immer tiefer als die Hand, auf die das Kinn gelegt werden sollte. Das führt dazu, dass Ihr Hund lernt, das Kinn selber auf die Hand abzulegen und so lernt, den Druck, denn er dadurch selber erzeugt, anzunehmen.

◆ Manche Hunde brauchen etwas Zeit und viele Wiederholungen, aber es kann jeder Hund lernen.

◆ Schleichen Sie nach und nach das lockende Leckerchen in der anderen Hand aus, sodass der Hund das Lockmittel nicht als Aufforderungssignal versteht und generalisiert.

◆ Bieten Sie dazu einfach die Hand an und warten darauf, dass er das Kinn darauflegt.

◆ Markern Sie diesen Moment und belohnen immer noch unterhalb Ihrer Hand, damit er das Kinn selber auflegt.

◆ Zögern Sie das Markersignal immer mehr heraus, sodass das Auflegen des Kinns länger dauert, und zwar bis zum nächsten Click.

◆ Wenn Ihr Hund dies zu 90% gut und perfekt ausführt, setzen Sie diese Übung unter Signal, genau wie beim Handtarget: Sie sprechen zuerst das Signal aus („Kinn", oder „Chin" oder

„Schnauze"), bieten dann erst die Hand an und fahren weiter wie vorher beschrieben.

◈ Beim Kinntarget gilt ebenfalls: kommen Sie mit Ihrer Hand dem Hund nicht entgegen, sondern lassen Sie ihn selber das Kinn auf die Hand legen, das gibt ihm mehr Wahl und Selbstwirksamkeit.

◈ Auch dies sollte Ihr Hund sowohl mit der linken wie mit der rechten Hand machen können, vergessen Sie also nicht, es sowohl an der linken wie der rechten Hand zu üben.

Wenonah legt das Kinn auf die angebotene Hand.

Fußtarget

Bei dieser Übung fungiert unser Fuß als Zielscheibe für eine Berührung mit einer der Vorderpfoten Ihres Hundes. Sie können hier sehr präzise vorgehen und erwarten, dass bei der Abfrage Ihr Hund seine linke Pfote auf Ihren rechten Fuß und seine rechte Pfote auf Ihren linken Fuß setzt. Aber Sie können ebenfalls die Übung einfach halten und nur abfragen, dass Ihr Hund eine seiner beiden Vorderpfoten auf den von Ihnen entgegengestreckten Fuß setzt.

Bei dieser Übung zeigt Ihr Hund, dass er eine gute Kontrolle über seine Vorderbeine hat und sich auch nicht scheut, diese auf Ihren Fuß abzusetzen. In der Dreiecksübung hat diese Übung insofern eine günstige und praktische Bedeutung, als dass Ihr Hund lernt, umzuschalten, wenn Sie zum Beispiel nach einem Handtarget oder Kinntarget noch ein Fußtarget abfragen. Und auch für das menschliche Gehirn ist das eine schöne Fitness-Aufgabe.

Beim anfänglichen Üben ist es empfehlenswert, eine lange Hose zu tragen, denn manche Hunde fangen beim Knie an und gleiten mit der Pfote von oben nach unten auf das Schienbein herunter. Aber das wollen wir schnell berichtigen.

Wie geht es?
◈ Die meisten Hunde können eine Pfote oder „High Five" geben. Das ist eine gute Ausgangssituation, auf die wir aufbauen können.

◈ Fragen Sie das „Pfötchen" geben mit einem Signal ab, nehmen jedoch die

Pfote nicht in die Hand, sondern halten Ihren Fuß so hin, dass die Pfote, die sich ins Leere bewegt hat, auf Ihrem Fuß landet.

◆ Markern Sie diese Berührung, auch wenn sie flüchtig ist und zum Beispiel seine Vorderpfote von Ihrem Fuß abrutscht. Wiederholen Sie dies einige Male und schleichen nach und nach das verbale Signal für Pfotegeben aus. Irgendwann wird Ihr Hund den nach vorne geschobenen Fuß als Aufforderung erkennen und seine Pfote daraufsetzen.

◆ Wenn dies gut sitzt, fangen Sie an, die Handlung präzise ausführen zu lassen: das heißt, Pfote auf Knie oder Schienbein wird nicht mehr verstärkt, sondern Sie warten konsequent, bis die Pfote auf Ihrem Fuß landet. Sie können mit der Nähe zum Hund variieren oder Ihren Fuß etwas höher halten, um die Berührung von der Pfote mit Ihrem Bein abzubauen und die korrekte Platzierung auf Ihren Fuß einzufangen und zu verstärken.

◆ Sie können dann, wenn die Handlung gut sitzt, die Anfrage unter Signal setzen, mit „Step" oder „Taps" oder sonst einem verbalen Signal Ihrer Wahl.

◆ Wenn Sie dies dann perfektionieren möchten, können Sie weiter üben, sodass Ihr Hund nur seine rechte Pfote auf Ihren linken Fuß und umgekehrt platziert.

Kenzo legt elegant und korrekt die linke Pfote auf den rechten Fuß seines Frauchens.

Bodentarget

Ein Bodentarget ist eine flache Scheibe, die auf dem Boden liegt und die der Hund mit einem oder zwei Füßen berührt. Sie können hier selber Ihre eigenen Kriterien festlegen. Bei dieser Übung lernt der Hund, auf Ihre Anfrage zu einem Target hinzulaufen und es mit einer oder zwei Vorderpfoten zu berühren. Für mich ist es egal, ob Ihr Hund das Target mit den zwei Vorderpfoten oder nur mit einer berührt. Mit einem Bodentarget gestalten Sie quasi eine vierte Station, sodass Sie damit eine Viereckübung planen können. Dies bedeutet mehr Laufleistung für Ihren Hund. Eine tolle Geschichte für die lauffreudigen Vierbeiner! Sie können ihn an nur ein einzelnes Target schicken, aber Sie können auch mehrere Targets auf den Boden auslegen. Bei dieser Übung lernen Sie selber, den Körper richtig einzusetzen, sodass Ihr Hund zum richtigen Target läuft. Dabei lernt Ihr Hund, viel stärker auf Sie zu achten und zu schauen, wo Sie ihn hinschicken. Im Alltag bringe ich Hunden, die sich mit den Beinen ziemlich unkontrolliert bewegen, gern diese Targetübungen bei. Sie bringen mehr Bewusstsein in die Gliedmaßen.

Wie geht es?
Sie fangen mit einer Scheibe an, die so flach und so eben wie möglich ist. Viele Hunde sind etwas unsicher, wenn das Objekt wackelt oder ein Relief zeigt. Objekte, die sich sehr gut dazu eignen sind Platzdeckchen von einem schwedischen Möbelhaus, Kindersitzkissen von demselbigen oder auch Mauspads aus Neopren. Sie nehmen am besten eine Farbe, die für den Hund deutlich gegen grün zu unterscheiden ist: weiß, gelb, hellblau. Ihr Hund sollte wirklich nur Hinlaufen lernen und mit einer oder zwei Pfoten auf das Target gehen. Alles was er mit dem Maul macht, wird ignoriert und sicherlich nicht verstärkt.

- Legen Sie das Objekt auf den Boden. Haben Sie in dem Moment bereits Clicker und Futter bereit, aber nicht sichtbar, denn jetzt gilt es, schnell und präzise zu sein: Schauen Sie selber auf das Target und geben dem Hund keine anderen Sichtzeichen, weder mit den Armen oder Händen noch geben Sie ihm ein unbekanntes, neues verbales Signal.

- Wenn Sie einen zögerlichen Hund haben, der erstmal zum Target hinschaut, klicken Sie den Blick zum Target und belohnen mit einem Leckerchen auf dem Target.

- Danach werfen Sie ein weiteres Leckerchen weg vom Target, sodass sich Ihr Hund vom Target entfernt. Das Hinlaufen zum Target sollte sofort am Anfang mit trainiert werden.

- Warten Sie auf das nächste Zeichen von Interesse für die Scheibe und fangen dies wieder mit Click und Futter ein.

- Sie können die Verabreichung des zweiten Leckerchens so organisieren, dass Ihr Hund über das Target laufen muss, um es zu finden. So lernt er eventuell auch, dass es nicht schlimm ist, mit der Pfote das flache Objekt zu berühren.

- Machen Sie ganz kleine Trainingssequenzen mit vielen Pausen. Während der Pause räumen Sie unbedingt das Target weg, sodass er nicht aus Versehen darauftritt und dafür nicht belohnt wird.

- Es gibt Hunde, die ein bisschen Zeit brauchen, bevor sie sich trauen, das Target mit der Pfote zu berühren, und dann gibt es Hunde, die ziemlich schnell mit der Pfote auf etwas hauen. Gehen Sie mit beiden gleich vor und denken Sie an die wenigen Wiederholungen und vielen Pausen. Das Target ist immer während der Mini-Pause unzugänglich.

- Wenn Ihr Hund verstanden hat, dass er das Target mit der Pfote berühren soll und wenn es bei jeder Wiederholung schon sehr gut klappt, dann können Sie auch dies unter Signal setzen.

- Wenn Ihr Hund etwas vom Target entfernt steht, sagen Sie ihm das neue Signal an („Step", „Target"), und schauen auf das Target. Wenn er wie vorher alles in der richtigen Sequenz wiederholt, können Sie nun die Kette Ansage, Hinlaufen, Target berühren in der richtigen Reihenfolge markern und belohnen.

- Jetzt können Sie erst mal das eine Target noch etwas weiter weg legen, sodass Ihr Hund lernt, von einer größeren Distanz zu einem Target zu laufen, zu dem Sie hinschauen.

Sie können nun ein zweites Target ins Spiel bringen: Dazu legen Sie zwei Targets auf den Boden und lassen zwischen beiden eine Distanz von etwa drei bis vier Metern. Sie stellen sich ungefähr zwischen beiden Targets hin, aber lassen dem Hund genug Platz, um in direkter Linie von Target A nach Target B zu laufen, ohne Sie zu berühren.

- Schauen Sie in die Richtung von Target A, Ihr Hund läuft hin und berührt es, dies klicken Sie belohnen Sie anfangs auch noch, bevor Sie Ihren Hund zum zweiten Target schicken.

- Das machen Sie, indem Sie Target B anschauen oder Ihren Körper dahin ausrichten, nachdem Sie das Signal dafür gegeben haben, und das Ganze wiederholt sich.

- Wenn Ihr Hund Freude am Hin- und Herlaufen zwischen beiden Targets bekommt und sich flott zwischen beiden schicken lässt, können Sie nach dem Berühren des ersten Targets ohne Belohnung nur ein Lobwort sagen und den Hund sofort mit Ihrer Körperausrichtung zu Target B schicken.

- Ich finde es am Anfang wichtig, dass Ihr Hund nach dem Berühren eines Targets immer wieder zu Ihnen kommt – das werden wir nachher in der fortgeschrittenen Drei-, Vier-, und Fünfeck Übungen brauchen.

- Später können Sie Ihren Hund direkt von Target A nach Target B schicken, aber fangen Sie in kleinen Schritten an.

Tipp: Wenn Ihr Hund im Übereifer das Target gern ins Maul nimmt und damit herumläuft, können Sie dies verändern, in dem Sie schneller markern, wenn er mit dem Fuß auf das Bodentarget landet. Nach dem Clicksignal jubeln Sie recht erfreut und belohnen ihn sehr schnell weg vom Target, sodass er nicht dazu übergeht, sich noch weiter mit dem Bodetarget zu beschäftigen.

Hütehund Snoopy ist voller Eifer beim Bodentarget dabei.

Nasentarget

Ein Nasentarget ist ein Objekt, das der Hund auf Signal mit seiner Nase berühren soll, genau so wie er Ihre Hand beim Hand Target anstupst. Ich benutze dazu entweder eine Fliegenklatsche oder auch Fährtenschilder, die man vertikal in den Boden stecken kann und die wie ein Lollypop aussehen. Sie können Ihren Hund aber auch mit einem Nasentarget-Signal zu einem Baum, einer Wand oder einem Felsbrocken schicken. Die Natur bietet uns viele Möglichkeiten. Das Ziel ist, dass der Hund auf Anfrage zu diesem Objekt hinläuft, es mit der Nase berührt und dann wieder zu Ihnen zurückkommt. Wenn Ihr Hund diese Übung generalisiert hat, brauchen Sie keine besonderen Gegenstände mehr, sondern kann er auch einen Baum oder sonst ein Element aus der Natur mit der Nase anstupsen.

Wie geht es?
Wenn Ihr Hund bereits sehr gut das Handtarget verinnerlicht hat, dann können Sie dies als Brücke benutzen, indem Sie die Fläche des Objekts, die er mit der Nase berühren sollte, auf der offenen Hand anbieten.

◈ Nennen Sie das Signal für Handtouch, halten das Objekt hin, warten auf das Anstupsen, markern und belohnen es möglichst nahe am Objekt.

◈ Wiederholen Sie dies einige Male. Sie können jetzt entscheiden, ob Sie für ein Nasentarget ein neues Signal benutzen möchten oder das Handtouch-Signal einfach auf dieses Verhalten erweitern.

◈ Wenn Sie ein neues Signal nutzen möchten für alles, was nicht mit Ihrer Hand zu tun hat, dann sollten Sie

Snoopy berührt das Nasentarget.

langsam zunächst das alte Signal (für Handtarget) ausschleichen, indem Sie nunmehr das Objekt hinhalten, auf die Berührung warten und es dann markern und belohnen.

- Wenn Ihr Hund jedes Mal, wenn Sie das Objekt hinhalten, anstupst, dann können Sie das neue Signal (wie zum Beispiel „Nase") davorschalten.

- Wenn Sie feststellen, dass Ihr Hund genau weiß, dass er nach dem verbalen Signal (alt oder neu) das Objekt anstupsen soll, dann können Sie das Objekt in den Boden stecken oder anderswo platzieren, sodass er lernen kann, dieses Verhalten zu generalisieren.

- Nun können Sie sich immer weiter entfernt aufstellen und Ihren Hund immer über eine weitere Strecke zum Nasentarget schicken.

Baumtarget

Bäume gibt es in unserer Landschaft genügend, warum sie nicht auch in die Dreiecksübung mit einbeziehen?

Dies ist eine sehr leichte Übung, die sehr rasch aufgebaut wird. Das Ziel ist, dass Ihr Hund mit beiden Vorderpfoten an einem Baum hochspringt. Ich finde diese Übung eine schöne Gelegenheit, den ganzen Körper zu strecken und betrachte sie auch als eine Balanceübung.

Wie geht es?
- Für die meisten Hunde reicht es, wenn Sie Ihre Hand auf eine Stelle des Baumes legen, hoch genug, sodass er mit beiden Vorderbeinen und gestrecktem Körper Ihre Hand erreicht.

- Markern Sie diese gestreckte Haltung und belohnen Sie Ihren Hund, wenn er noch am Baum gestreckt steht. Dies

Karlo wird zum Baum geschickt, um dann an diesem hochzuspringen.

wiederholen Sie einige Male und belohnen ihn immer in dieser gestreckten Position.

◆ Wenn Ihr Hund deutlich verstanden hat, dass er an den Baum hochspringen sollte, können Sie zunächst ein verbales Signal geben (zum Beispiel „Baum"), dann führen Sie die bekannte Handbewegung aus, und dann können Sie den gesamten Ablauf markern und belohnen.

◆ Wenn Sie das Signal einige Male mit dem Baumtarget verbunden haben, können Sie Ihre Hilfe mit der Hand am Baum ausschleichen. Dazu sprechen Sie zunächst das Signal aus, zeigen dann aus einer kleinen Entfernung auf den Baum und markern, wenn er am Baum hochsteht.

◆ Da wir diese Übung ebenfalls in unserer Viereckübung haben, ist es günstig, wenn Ihr Hund jetzt wieder zu Ihnen kommt, um die Belohnung zu erhalten.

◆ Danach können Sie immer mehr Distanz zum Baum aufbauen, so dass Sie ihn mit Ihrem „Baum"-Signal aus einigen Metern Entfernung zu einem Baum schicken können und er danach wieder zu Ihnen kommt.

Umrunden

Um die Reihe der „Distanzübungen" abzuschließen, möchte ich für Sie noch Übung „Umrunden" beschreiben. Ich habe in meiner Truppe viel Freude an dieser Übung, denn man kann sie überall und vor allem am Spaziergang machen: Bäume, Baumgrüppchen, Sträucher, Pfosten, Bänke oder ganze Gebäude oder Teiche können umrundet werden, aber auf dem Hundeplatz kann man es auch an Pylonen, Stäben, Hürden und vielem mehr üben. Ihr Hund kann – von Ihnen weg – laufen und kommt aber immer wieder zu Ihnen zurück. Sie können bei lauffreudigen Hunden das Freilaufbedürfnis erfüllen und es ist außerdem eine tolle Aufmerksamkeitsübung, bei der Ihr Hund auf Ihre Körperausrichtung und -gestik achten muss. Das Ziel ist, dass Ihr Hund aus einer Distanz von etwa fünf bis zehn Metern von Ihnen weg um ein Objekt herumgeschickt werden kann.

Wie geht es?
Sie können spezifisch abfragen, dass Ihr Hund linksherum oder rechtsherum um das Objekt läuft. Das steuern Sie – wie immer – mit Ihrer Körpersprache. Natürlich ist es ideal, wenn Sie diese Übungen im Wechsel abfragen können, denn dann ist ein Ausgleich vorhanden.

Anfangs möchten Sie nur, dass Ihr Hund weiß: Wenn ich an der einen Seite des Baumes starte, komme ich an der anderen Seite wieder hervor.

Nehmen wir an, Sie möchten Ihren Hund von rechts nach links um einen Baum schicken.

◆ Stellen Sie sich auf sehr kleiner Distanz (maximal einen Meter) vor einem Baum auf, links von Ihnen sitzt oder steht Ihr Hund, parallel zu Ihnen und aufmerksam. Ihr Hund ist so positioniert, dass er, wenn er geradeaus läuft, neben dem Baum herlaufen kann. Jetzt machen Sie einen Ausfallschritt mit Ihrem linken Bein nach vorne, sodass Ihr linker Fuß fast den Baum berührt. Ihr linker Arm ist ebenfalls so ausgestreckt, dass auch Ihre linke Hand den Baum berührt. Auf diese Weise bilden Sie eine Art „Abschottung", sodass Ihr Hund sich nicht vor dem Baum zu Ihnen dreht.

◆ Locken Sie Ihren Hund nach vorne, halten die rechte Hand links vom Baum, sodass Ihr Hund hinter dem Baum Ihre rechte Hand (eventuell mit Futter) sehen kann und locken Ihren Hund so mit der rechten Hand um den Baum herum.

◆ Markern Sie, wenn der Kopf Ihres Hundes sich knapp hinten rechts vom Baum befindet und geben Sie ihm die Futterbelohnung, wenn er auf Ihre Ausgangsposition ankommt, nämlich auf einem Meter vor dem Baum. Mit dieser Vorgehensweise halten Sie genau den Moment fest, in dem Ihr Hund den Kopf so weit in der Umrundung hat, dass er kaum noch rückwärts aus der Übung herausschlüpfen kann.

◆ Das Futter wird dort verabreicht, wo die Ausgangsposition von beiden war. Machen Sie das Ganze langsam genug, dass keine Hektik entsteht und der Hund auch sehr bewusst weiß, wann und in welcher Position er das Markersignal erhält.

◆ Warten Sie lieber mit ausgestrecktem Arm, bis Ihr Hund Ihnen den Moment der Umrundung bietet, den Sie markern können, als schnelle, kurze Bewegungen mit Ihrem Arm zu machen.

①

②

So wird Karlo um den Baum geleitet, sodass er möglichst keinen Fehler machen kann. Die Position im dritten Bild wird gemarkert.

- Ich empfehle Ihnen, immer erst eine Seite sehr gut zu üben, sodass Ihr Hund es auf Signal in der richtigen Richtung kann und Sie sofort diese Umrundung in Ihren Dreiecksübungen einbauen und somit variieren können.

- Fangen Sie nun zunächst an, Ihre Hilfe mit ausgestrecktem rechtem Arm und lockendem linkem Arm auszuschleichen und immer kleinere Hilfestellung zu geben. Danach entfernen Sie sich immer einen kleinen Schritt weiter weg vom Baum, vor dem Sie stehen.

- Wenn Ihr Hund den Baum jedes Mal richtig umrundet, wenn Sie ihm die Hilfe eines zeigenden linken Arms und einen nach vorne gestellten linken Fuß bieten, dann können Sie diese Handlung unter Signal setzen (zum Beispiel „rum" oder „außen rum").

- Danach können Sie immer mehr Distanz zum Baum aufbauen und an weiteren und größeren Objekten wie Sträuchern, Pfosten, Stuhl oder Sitzbank üben.

- Wenn Sie dies eine Zeit lang sehr routiniert eingesetzt haben, können

①

②

72 Ums Eck gedacht

③

④

Sie die gleiche Übung in der anderen Richtung einstudieren.

◆ Weiter können Sie üben, Ihren Hund von einem Baum zum nächsten zu schicken, damit er diesen umrundet. Dazu stellen Sie sich zwischen zwei Bäumen auf, wobei Sie hier die Distanz zu den Bäumen im Auge behalten sollten. Sie schicken den Hund um den einen Baum, und indem Sie Ihren Körper wenden und das Signal wiederholen, schicken Sie ihn um den zweiten Baum.

◆ Anfangs können Sie nach jeder Umrundung markern und belohnen. Wenn Ihr Hund richtig beschwingt zum zweiten Baum läuft, können Sie beim nächsten Mal versuchen, statt Click und Futter nach dem ersten Baum ihn sofort zum zweiten Baum zu schicken und danach erst zu belohnen. So bauen Sie Frusttoleranz und Resilienz bei Ihrem Hund auf und machen ihn stark für die späteren kombinierten Vier – und Fünfeckübungen.

◆ Eine spannende, fortgeschrittene Variation ist es, wenn Sie später Ihren Hund um mehrere Bäume schicken könnten, wenn diese nicht zu weit auseinander stehen würden. Dazu muss die Basisversion sehr gut vertieft sein – der Hund sollte gelernt haben, auf Ihre Körpersprache zu achten. Dann können Sie dieses weitere Umrunden auch durch Ihre Körpersprache weiter unterstützen, indem Sie den Arm ausgestreckt halten, solange etwas zu umrunden ist. Erst, wenn Sie den Arm neutral halten, sollte Ihr Hund zu Ihnen kommen.

③

Karlo läuft voller Schwung von einer größeren Distanz zum Baum hin, umrundet ihn und kommt schnell wieder zu Frauchen zurück.

Such! Ein aufwertender Teil der Belohnung

Auch wenn wir den Hund anfangs jedenfalls zu einer sichtbar ausgelegten „Beute" losschicken, nachdem er bei uns angedockt und seine Übungen ausgeführt hat, wäre es eine tolle Variante, den Hund die Belohnung suchen zu lassen. Dies setzt voraus, dass wir die „Beute" versteckt haben, solange er sitzen geblieben ist, wir ihn dann zuerst zu uns gerufen haben, eine oder mehrerer Übungen abgefragt haben und ihn dann mit einem „Such" Signal zum Finden schicken. Für die meisten Hunde bedeutet die Möglichkeit, die „Beute" mit der Nase zu suchen, noch eine Aufwertung der Belohnung. Es ist außerdem eine Tätigkeit, die auslastet, erfüllend ist, und sehr gut ausgleicht. Darüber hinaus können sich die Hunde während der Suche ungehindert und frei bewegen während, und dies trägt zweifellos zur Freude an dieser Beschäftigung bei. Durch die Suche wird auch der Belohnungsprozess verlängert, wodurch dieser noch mehr verstärkende Kraft erhält.

Sie können anfangs bereits entscheiden, dass Ihr Hund grundsätzlich die Beute zu Ihnen apportieren soll, aber Sie können genau so gut in die Dreiecksübung einsteigen, wenn Ihr Hund das verlorene Objekt einfach anzeigt und nicht herumträgt. Ob Ihr Hund gern apportiert oder herumträgt, wird mit Sicherheit ein wenig von seiner Rassezugehörigkeit abhängen, aber auch davon, dass er schöne Erfahrungen damit hatte (es wurde ihm nicht weggeschnappt oder abgejagt), dass sich das für ihn gelohnt hat, sei es, weil er selber Freude am Tragen hat oder weil er dafür belohnt wurde, oder dass das Objekt ihm „gut in der Schnauze liegt".

Es ist nicht egal, welches Objekt Sie für Ihren Hund als Beute einsetzen. Das sollten Sie ausprobieren und auskundschaften. Das kann Ihr Hund Ihnen am besten zeigen.

Wie geht es?
Am einfachsten ist es, wenn Sie Ihrem Hund das „Such"-Signal anhand von Futterstückchen beibringen. Das geht sehr schnell:

◆ Lassen Sie zunächst Ihren Hund sehen, dass Sie ein oder mehrere Leckerchen in der Hand haben.

◆ Lassen Sie dann Ihren Hund sitzen und bleiben, entfernen Sie sich einige (zwei bis vier) Meter, legen Sie die Leckerchen ins (nicht zu hohe) Gras.

◆ Dann gehen Sie zu Ihrem Hund zurück, geben das „Such"-Signal und zeigen in die Richtung der deponierten Leckerchen.

◆ Wiederholen Sie dies einige Male und variieren dabei die Richtung und die Distanz der weggelegten Futterstückchen.

◆ Wenn Ihr Hund voller Eifer losläuft und das Futter sucht, können Sie anfangen, das Futter unsichtbar wegzulegen: Hinter einen Baum, Strauch, Wand, Hecke. Die Suche ist selbstbelohnend, und außerdem liegt am Ende das Futter da.

◆ Sie können dann nach und nach die Positionen der versteckten Beute variieren: auf einer Mauer, auf einem Baum, an Ästen gespießt, in Baumrinden gequetscht und einiges mehr. Wichtig ist, dass Ihr Hund versteht, dass „Suchen" mehr als nur Futter vom Boden auflesen ist.

◆ Dann können Sie das „Such" Signal auf Objekte übertragen. Ein Futterdummy eignet sich sehr gut als Übergangsmittel zwischen Futter und einem Gegenstand. Auch bei dem Gegenstand fangen Sie mit einer kleinen Distanz an und verallgemeinern die Objektsuche wie beschrieben bei der Futtersuche.

◆ Sobald sich die Nase Ihres Hundes am Gegenstand befindet, können Sie dies markern und am Gegenstand belohnen. Hiermit erreichen Sie, dass er immer mehr Interesse für den Gegenstand entwickelt (siehe Kasten nächste Seite).

Es verlangt schon mehr Leistung und Können vom Hund, wenn er ein Objekt mit der Nase erkennen und finden muss, als wenn er Futterbröckchen vom Boden lesen darf. Eden ist bei beiden Variationen gern dabei.

Apportieren – Zerren – Zurückgeben

Wenn Sie das **Apportieren** beibringen oder vertiefen möchten, ist es wichtig, Ihrem Hund zu vermitteln, dass das Spiel immer weiter stattfindet, auch, wenn die Beute in Ihren Händen ist. Das können Sie erreichen, indem Sie die Interaktion mit dem Spielzeug mit Spaß, Action und Spiel verknüpfen. Nicht zu empfehlen ist es, das Spiel Ihrem Hund immer nach kurzem Besitz wieder wegnehmen zu wollen oder den Hund viel zu lang warten zu lassen, bevor das Spiel weitergeht. Wie jedes Spiel sollte auch diese Interaktion aus einem Wechsel bestehen: mal jagen Sie den Hund, wenn er das Spielzeug trägt, mal laufen Sie mit dem Spielzeug weg, mal wirbeln Sie es durch die Luft und er darf es ergattern und damit weglaufen, mal lassen Sie ihn zerren und gewinnen. Die Waage sollte immer auf die Seite des Hundes ausschlagen. Sehr schnell wird er verstehen, dass ein Spiel nur dann stattfindet, wenn er Ihnen das Spielzeug wieder zur Verfügung stellt. Anfangs wird er vielleicht nur an Ihnen vorbeilaufen oder sich damit in Ihrer Nähe aufhalten. Das können Sie markern und dafür können Sie ihm das Futter direkt in seiner Nähe auf den Boden werfen. Nehmen Sie dann das Spielzeug noch nicht weg, sondern warten, bis er es wieder aufnimmt und auf eine Interaktion wartet.

Dies können Sie mit Hinterherlaufen beantworten oder auch, indem Sie von ihm wegrennen. Sobald er mit Beute im Maul Ihre Nähe sucht, markern Sie das und belohnen es. Wenn er es Ihnen vor die Füße hinlegt oder sogar in Ihre Hand drückt, können Sie überlegen, ob Sie es „nur" mit Futter belohnen oder das Spielzeug schnell wieder zur Verfügung stellen, indem Sie ein Zerrspiel anbieten oder das Spielzeug nochmal durch die Luft schleudern, damit er hinterherhetzen darf.

Karlo hat gelernt, sein Spielobjekt korrekt in die entgegengehaltene Hand abzulegen.

Das **Zerren** wurde bereits oben beschrieben: Achten Sie darauf, dass Ihr Hund sich nicht komplett vergisst: wenn er anfängt, sehr stark zu schütteln und zu knurren, steigt die Erregung zu arg an. Versuchen Sie in dieser Situation, ein „Sitz" abzufragen, damit etwas mehr Ruhe ins Verhalten kommt. Sobald er sitzt, können Sie weiterzerren. Wechseln Sie auf diese Weise zwischen Ansprechen und Zerren. Achten Sie darauf, dass das Objekt lang genug ist, damit Ihre Hände unversehrt bleiben. Sobald Sie Zähne spüren, beenden Sie das Spiel, aber geben kurz danach eine neue Chance.

Das **Hergeben** ist natürlich eine unerlässliche Fähigkeit, wenn Sie mit Ihrem Hund und einem Spielzeug interagieren. Dies verlangt Fingerspitzengefühl und etwas Geduld beim Aufbau. Überlegen Sie sich zunächst ein Signal für das Hergeben, zum Beispiel „Tauschen" oder „Danke".

Wenn Ihr Hund das Spielzeug herumträgt und Sie es wiederhaben möchten, stellen Sie sich einfach in seine Nähe. Markern Sie und werfen Sie Futter auf den Boden, egal, ob Ihr Hund das Spielzeug fallen lässt, um das Futter aufzulesen oder nicht. Dies wiederholen Sie einige Male. Währenddessen gehen Sie bitte nicht näher zum Hund und greifen nicht nach dem Spielzeug, denn unser Ziel ist, dass er das Spielzeug 1) auf Signal 2) freiwillig abgibt und sich zurücknehmen kann.

Lässt er das Spielzeug auf den Boden fallen, um die Leckerchen zu fressen, warten Sie kurz und lassen wieder einige Bröckchen auf das Spielzeug fallen. Lassen Sie Ihren Hund selbst entscheiden, ob er das Leckerchen möchte oder lieber das Spielzeug. Lässt er das Spielzeug nicht locker, so machen Sie mit diesem Vorgehen einfach weiter und erhöhen die Qualität der Futterstückchen. Greifen Sie noch nicht zum Spielzeug. Legen Sie nach drei bis vier Wiederholungen eine Pause ein, indem Sie weggehen.

Sobald Sie merken, dass Ihr Hund seine Aufmerksamkeit zwischen Ihnen und dem Spielzeug teilen kann und nicht mehr verspannt über dem Spielzeug wacht, können Sie Ihr „Tauschen"-Signal geben. Wenn er hochschaut und den Kopf von dem Spielzeug entfernen kann, können Sie dies markern und das Futter auf den Boden oder auf das Spielzeug werden. Dies machen Sie, damit Ihr Hund die Kontrolle über das Objekt nicht abgeben muss und immer weniger Spannung im Körper hat.

Kira und Irene haben ihren Spaß beim Zerren, ohne dass es zu körperlich wird.

Wenn er immer mehr den Kopf vom Objekt entfernen kann, ist es Zeit, Ihre Hand ins Spiel zu bringen: Geben Sie Ihr „Tauschen"-Signal, greifen mit der Hand in die Richtung des Objektes, aber nehmen es noch nicht weg, markern Sie diesen Moment und werfen Leckerchen auf das Objekt und ziehen die greifende Hand wieder zurück.

Dies wiederholen Sie, bis er nach dem Signal den Kopf komplett vom Objekt entfernen kann, Sie anschauen kann und Sie ungestört das Objekt wegnehmen lässt und stattdessen das Futter nehmen kann.

Versuchen Sie Ihren Hund dabei nicht zu „betrügen", indem Sie das Futter etwas weiter weg werfen, sodass er hinterhergeht und Sie das Spielzeug ungestört wegnehmen können. Das merkt er und er wird sich entweder nicht mehr für das Futter interessieren oder so schnell werden, dass er beides bekommt. Das kann für Ihre Hand gefährlich werden. Üben Sie Geduld und lassen Sie ihn mitreden. Es ist meine Erfahrung, dass viele Hunde auf diese Art und Weise das Tauschen-Signal in nur einen einzigen Trainingssitzung verinnerlicht haben. Tauschen heißt: du legst das Spielzeug auf den Boden und ich kann es in Ruhe wegnehmen. Dafür erhältst du Futter in Tausch, und vielleicht geht sogar das Spiel wieder weiter.

Auf Signal öffnet Karlo die Kiefer und lässt sein Spielzeug fallen.

Weitere Ideen für Übungen

Wie bereits erwähnt, werden die oben beschriebenen Übungen im Rahmen des Dreiecksspiels in Ihnen Kreativität und Neugier nach neuen Möglichkeiten lostreten. Ich kann in diesem Buch nicht alle Übungen beschreiben, die überhaupt möglich sind, denn das würde den Rahmen sprengen. Außer Sitz, Bleib oder Abruf sind alle Übungen, die ich hier beschrieben habe, frei wählbar. Sie können diese alle mit Ihrem Hund einstudieren oder nur diejenigen, die Ihnen zusagen. Im nächsten Kapitel beschreibe ich die fortschreitenden Konstellationen und Kombinationen der Dreiecksübung, in denen ich alle obenstehenden miteinander kombiniert habe.

Cody läuft eine Acht durch die Beine.

Weitere Handlungen, die Sie von Ihrem Hund abfragen könnten:

◆ Eine „Acht" durch die Beine

◆ Linksherum drehen

◆ Rechtsherum drehen

◆ Ein paar Schritte rückwärts gehen

◆ U-Turn (Kehrtwendung)

◆ Pfote geben

◆ „High Five"

◆ Vorderkörpertiefstellung (Dehnen/Strecken)

◆ „Männchen" machen

Snoopy und Franziska beim „High Five".

Und auch diese Liste ist nicht erschöpfend. Bedenken Sie, dass das Ziel ist, mit Ihrem Hund Spaß, Spiel und Lernen zu verknüpfen. Die wesentlichen Zwecke der Dreiecksübung sind: eine bessere Impulskontrolle zu erreichen, mehr Aufmerksamkeit, Ansprechbarkeit trotz Anspannung, Auslastung, Nasenarbeit, Kommunikation und eine passende, energievolle Belohnung.

Auf die Plätze ... wir legen los!

5. Die Dreiecksübungen – von leicht nach fortgeschritten

In Kapitel 4.1 hatte ich bereits die Grundsätze und die Abläufe in der Dreiecksübung beschrieben. In diesem Kapitel gehen wir nun ins Detail und schauen, wie wir den Aufbau in kleinen Schritten gestalten.

Der Hund wird auf Position A ins Sitz (1) gebeten und sollte hier auch bleiben, während die Person weggeht und auf Position B eine „Beute" auslegt (2) (Spielzeug, Futter) und sich dann selber auf eine dritten Position C begibt (3). Von hier aus ruft er seinen Hund zu sich. Sobald der Hund bei seiner Person angekommen ist, fragt diese ein, zwei oder drei Übungen ab und als Belohnung schickt die Person ihren Hund zur „Beute" auf Position B.

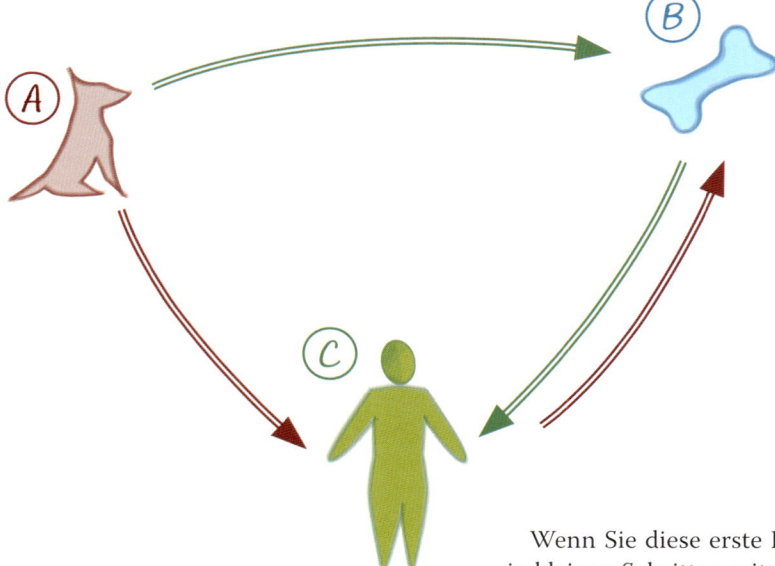

An dieser Konstellation können Sie „anbauen", dass der Hund Ihnen die Beute apportiert, wenn es sich um Spielzeug oder ein Dummy handelt. Oder Sie können die Belohnung mit seinem Spielzeug noch etwas aufwerten und verlängern, indem Sie ein Spiel anbieten – zum Beispiel hinter dem Hund herjagen, Zerren oder es noch ein paar Mal durch die Luft wirbeln.

Wenn Sie diese erste Basiskonstellation in kleinen Schritten mit Geduld und Sorgfalt einstudieren, wird Ihr Hund das System schnell verstehen und ab dann – so habe ich zumindest die Erfahrung machen dürfen – ist nicht mehr nur das Losschicken und Belohnen der Zweck und der Grund zur Freude, sondern dann ist Ihr Hund von Anfang bis Ende voll dabei, weil die ganze Übung ihm Spaß macht. Dieses Phänomen, das wir „Premack" nennen, wurde bereits auf Seite 40 beschrieben.

Die Grundsätze

Der Anfang sollte einfach sein, damit das Lernen leicht und freudig wird. Wenn Sie in zu großen Schritten trainieren, werden Sie mit Frust und Desinteresse konfrontiert werden. Hunde zeigen dies, indem sie schnüffelnd weglaufen, langsam und zögerlich auf Ihre Signale reagieren, erregt bellen, wenn Sie die Übung ansagen, Übersprungsverhalten zeigen oder schlicht und ergreifend nicht auf Ihre Signale reagieren. Sie basieren ihr Verhalten auf den emotionalen Erfahrungen, die sie bei den vorigen Übungen gemacht haben: Wenn diese zu schwer, nicht machbar, nicht eindeutig oder noch unbekannt waren, bleibt einfach ein Gefühl der Überforderung.

◆ Legen Sie anfangs als Beute eine nicht allzu hochwertige „Belohnung" aus. Dies hängt einzig und alleine vom Geschmack Ihres Hundes ab: Findet er Futter extrem wichtig, dann würde ich zunächst mit einem Futterdummy oder einem Spielzeug starten. Findet er außerdem das Spielzeug (noch) nicht spannend, dann wäre ein Futterdummy tatsächlich das Objekt der Wahl, denn es kombiniert Objekt und Futter und macht das Futter nicht so zugänglich. Bauen Sie auch in kleinen Sequenzen das Spielzeug als Freudeobjekt mit Ihrem Hund auf. Wertet Ihr Hund allerdings sein Spielzeug als überragend wichtig, dann wäre es eher angebracht, mit Futter als Auslegebeute zu beginnen. Überlegen Sie einfach, wie Sie es für sich und Ihren Hund am leichtesten machen können.

◆ Lassen Sie kleine Distanzen (anfangs drei bis vier Meter) zwischen den einzelnen Positionen. Größere Distanzen bedeuten für die meisten Hunde mehr Leistung, und das würde die Kriterien für einen Einstieg zu hoch stecken. Außerdem haben Sie durch kleinere Distanzen selbst etwas mehr Kontrolle über den guten Ablauf der Übung. Andererseits machen kleine Distanzen die Beute verlockender – in diesem Fall ist es gut, wenn Sie sich von jemand helfen lassen können, der Ihnen die Beute sichert.

◆ Gestalten Sie die Form des Dreiecks anfangs so, dass der Hund fast keinen Fehler machen kann: je näher Sie am Hund stehen, desto leichter fällt es dem Hund, zunächst zu Ihnen zu kommen. Das bedeutet, dass Ihr Dreieck am Anfang eher sehr spitz aussieht. Nach und nach, wenn das Bleiben fester wird und die Impulskontrolle stärker, können Sie das Dreieck immer gleichseitiger machen. (siehe Grafik Seite 86)

◆ Folgende Elemente beeinflussen die Leistung: Distanz zu Ihnen, Distanz zur Beute, Wertigkeit der Beute, Wartedauer (unmittelbar mit Distanz verbunden), Anzahl der Übungen, Schwierigkeitsgrad der Übungen, Kombination bestimmter Übungen, Ablenkungen im Umfeld. Arbeiten Sie sich langsam und in kleinen Schritten vor und seien Sie bereit, die Übung wieder etwas leichter zu machen oder einige Schritte zurückzugehen, wenn Ihr Hund langsamer oder zögerlicher wird.

◈ Vermeiden Sie Frust, er ist unser Feind: Wenn Sie ein neues oder ein schwieriges Element hinzufügen, muss ein anderes Element leichter werden.

◈ Sollte Ihr Hund „ausbüchsen" und zur Beute laufen, statt erst zu Ihnen zu kommen, dann bleiben Sie bitte ruhig. Rufen Sie ihn nochmals zu sich und vermeiden auf jeden Fall, dass er die Beute schnappen kann. Notfalls lassen Sie sich von jemand helfen, der die Beute unzugänglich macht, indem er sie wegnimmt oder den Fuß daraufstellt. Dies ist der Moment, in dem Sie lernen können, sich von „Nein", „Pfui" oder sonstige Äußerungen der Enttäuschung zu entwöhnen. Wenn etwas schiefläuft, überlegen Sie ganz schnell, was genau Ihr Hund anstelle von diesem Verhalten machen sollte und wiederholen Sie ganz freundlich dieses Signal dazu. Zum Beispiel Ihren Abruf.

◈ Fangen Sie mit etwas Leichtem an und hören Sie mit einem guten Erfolg auf. War die letzte Suche der Beute schwer, dann beenden Sie die Serie mit einer leichten Übung, bei der Sie die Beute (fast) sichtbar auslegen.

◈ Wenn Ihr Hund die Übungen, die Sie ihm abfragen, nur zögerlich, unsauber oder unvollständig ausführt, wäre es von Vorteil, diese einzelnen Übungen aus der Puzzlebox (ab S. 47) nochmals losgelöst von einer Dreiecksübung aufzufrischen. Beim Auffrischen eines Verhaltens ist es wichtig, Wiederholungen in einer ablenkungsarmen Umgebung abzufragen und die Belohnung sehr hoch anzusetzen.

„Dreiecksübungen können für Hunde mit auffälligem Verhalten eine große Hilfe für das ganze Team sein."

Ablenkungen und Auslöser von Stressverhalten

Ablenkungen sind natürlich für jeden Hund individuell zu werten: während manche Hunde in direkter Nähe des Waldes perfekt und ungestört mit Ihnen zusammenarbeiten können, wird das für Hunde mit ausgeprägtem Jagdinteresse eine Höchstleistung sein. Passen Sie die Schwierigkeit Ihrer Übung an den Einfluss der Umwelt an. Wenn Ihr Hund mit Menschen, Autos, Treckern, oder lauten Geräuschen Probleme hat, wird er vielleicht nicht so oft mit Ihnen die Dreiecksübung ausführen können, aber vielleicht eine oder zwei ganz kurze und einfache mit hoher Belohnung am Ende. Dies können Sie Tag für Tag oder Woche für Woche ausbauen. Denn interessanterweise wird Folgendes passieren: Wenn Ihr Hund die Dreiecksübung kennt und Gefallen daran findet, kann das ganze Spiel als Gegenkonditionierung gegen diese Ablenkungen funktionieren. Sie verknüpfen das Auftreten von den Auslösern mit einem Spiel, bei dem Ihr Hund Spaß und Erfolg hat. Selbstverständlich setzt dies voraus, dass Sie mit ihm dieses Spiel auch und vornehmlich in reizfreien Umgebungen spielen.

Sie können gern Elemente aus der Natur mit einbauen: zum Beispiel Suchen der Beute im Laub oder zwischen Ästen, die auf dem Boden liegen. Das Sitzen und Warten geschieht auf einer Mauer oder einem Baumstamm, oder Sie lassen ihn während der Übung einen Baum umrunden. Es macht diese Elemente aus der Natur so spannend, dass die Interaktion mit Ihnen bereits Freude ankündigt.

Wenn Sie sich noch nicht sicher sind, ob Ihr Hund mit der Umwelt gut zurechtkommt, dann sichern Sie ihn anfangs mittels einer längeren Schleppleine, sodass Sie immer Kontrolle über seine Bewegungen haben.

Selbstverständlich können Sie diese Übung auch und gerade als Gegenkonditionierung bei Auslösern einsetzen. In dem Fall suchen Sie die Ablenkungen auf (wenn diese nicht zu belastend sind) und fragen wenige und leichte Dreiecksübungen mit guter Belohnung ab. Durch die Ausrichtung und die Gestaltung des Dreiecks können Sie Ihren Hund erst mal weg vom Auslöser zur Beute schicken und später die Beute in die Richtung des Auslösers auslegen.

So konnte ich unseren Ilios von einer schmerzhaften Annäherung an einem Stromzaun „heilen". Er liebte die Dreiecksübung, aber umging im großen Radius die Stelle, wo der Zaun ihm wehgetan hatte. Zunächst hielten wir eine sichere Distanz zu dieser Stelle. Die Distanz ließ ich von ihm bestimmen, indem ich beobachtete, ob er noch aufmerksam und ansprechbar war. Dort machten wir ein, zwei Übungen, bei denen er immer in die Richtung weg vom Stromzaun zur Beute laufen konnte. Dann gingen wir einfach weiter. Nach und nach wurde die Distanz zur Stelle des Unheils kleiner und kleiner. Anfangs ließ ich ihn immer noch zur Beute weglaufen weglaufen, aber eines Tages legte ich die Beute in Richtung des Stromzauns. Damit hatte er in diesem Moment kein Problem mehr. So konnten wir auch die Distanz zum Zaun kleiner machen, bis die Beute direkt in der Nähe war und er seine Dreiecksübung mit mir durchführen konnte. Das Problem des Vorbeilaufens am Stromzaun war somit auch gelöst.

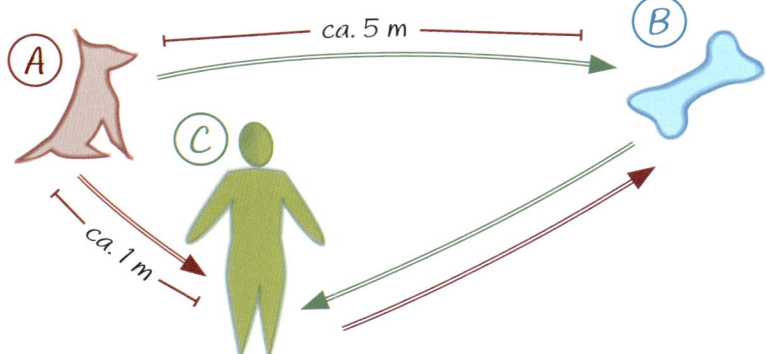

Stehen Sie zu Beginn näher zum Hund, sodass das Dreieck spitz und länglich wird.

Der Einstieg

In der Anfangsübung machen Sie das Dreieck sehr spitz und länglich (siehe Zeichnung).

❖ Dies bedeutet, dass Sie den Hund sitzen und warten lassen und die Beute auf einer Distanz von maximal fünf Metern auslegen.

❖ Wenn Sie jetzt in Richtung Ihres Hundes zurücklaufen, bleiben Sie ungefähr einen Meter von ihm entfernt vor ihm stehen und zwar so, dass Sie nicht direkt auf der Linie zwischen Hund und Beute stehen. Somit ist die Distanz von Ihrem Hund zur Beute größer als die Distanz zwischen Ihnen und Ihrem Hund. Außerdem befinden Sie sich quasi in der gleichen Richtung wie die Beute. Das macht Ihrem Hund die Entscheidung leichter, zuerst zu Ihnen zu kommen.

❖ Dadurch, dass Sie so nahe am Hund stehen und er quasi an Ihnen vorbeimuss, wird es ihm leichtfallen, bei Ihnen kurz für ein Handtarget oder ein „Sitz" anzuhalten. Fragen Sie anfangs nur eine einzelne Übung ab, und zwar eine, die ihm sehr leichtfällt.

❖ Danach wird er sofort zur Beute weitergeschickt. Mit dieser Übung installieren Sie bei ihm erst einmal das Wissen, dass er die Beute bekommen kann, aber erst, nachdem er sich zunächst auf Sie konzentriert hat und eine oder einige Übungen mit Ihnen gemacht hat. Genau diese Routine ist für den weiteren Verlauf sehr wichtig.

Hilfreiche Tipps: Achten Sie darauf, dass Ihr Hund unter keinen Umständen auf eigene Faust zur Beute rennt und sie sich beschafft. Dieses Verhalten ist offenbar selbstbelohnend, und das wieder geradezubiegen, könnte eine zähe Aufgabe werden. Lassen Sie sich im Zweifel von einer zweiten Person helfen, die Ihren Hund mit einer Leine sichert oder die „Beute" überwacht und entfernt, sobald der Hund sich dahin begibt. Die erste Variante ist lernfreundlicher.

Ebenfalls ist es sehr gut möglich, dass Ihr Hund bei der ersten Wiederholung alles genau richtig macht und direkt zu Ihnen kommt, wenn Sie ihn herrufen. Allerdings gibt es Hunde, die nach der ersten Wiederholung das Spiel durchschauen und beim zweiten Mal direkt die Beute holen, anstatt zuerst zu Ihnen zu laufen. Dies bedeutet, dass Sie die erste Zeit immer wieder drauf achten sollten, dass Ihr Hund das Spiel nicht abkürzt.

Ein weiterer wertvoller Hinweis ist, dass Sie bei den ersten Wiederholungen gern gemeinsam mit Ihrem Hund zur Beute laufen und diese dort feiern. Es kann nämlich sein, dass er bei den ersten Wiederholungen noch nicht ganz verstanden hat, dass die Belohnung nun immer dort liegt oder zu lange suchen muss. Das schmälert anfangs eventuell den Wert der Belohnung für manche Hunde.

Bei den Wiederholungen auf diesem Niveau können Sie trotzdem schon kleine Variationen einfügen:

◆ Das Dreieck wächst von spitz zu gleichseitig.

◆ Das Dreieck wird größer – größere Distanzen.

◆ Die Drehung / die Ausrichtung des Dreiecks verändert sich.

◆ Fragen Sie bei den weiteren Wiederholungen immer eine andere Übung ab: Sitz, Einparken, Handtarget, Fußtarget und so weiter (siehe Puzzlebox). Bleiben Sie in dieser Phase bei nur einer einzigen Übung, die Ihnen

Wenn Ihr Hund eine Übung nicht sofort ausführt, halten Sie kurz inne und wiederholen Sie nicht sofort das Signal dazu oder zeigen Ungeduld in der Stimme oder Körperhaltung. Bleiben Sie locker und warten kurz, ob er es nicht doch richtig umsetzen kann. Tut er das, dann haben Sie hier die Möglichkeit, die Umsetzung korrekt zu markern und zu belohnen. Macht Ihr Hund etwas anderes als das, was Sie gefragt haben, so orientieren Sie ihn zu sich um und fangen Sie neu an. Dies ist weitaus die bessere und deutlichere Lösung, als Ihre Ungeduld oder Enttäuschung durch ein „Nein!", „Aus!" oder „Pfui!" zu äußern. Mit solchen emotionalen und negativ klingenden Äußerungen kann sensiblen Hunden eventuell der Spaß an der gesamten Übung verdorben werden. Behalten Sie das Lächeln bei.

korrekt angeboten wird und die Sie genau markern können. Nach dem Markern können Sie Ihren Hund freigeben und zur Beute schicken.

◈ Sie können auch die Beute verstecken, anstatt sie sichtbar auszulegen.

Achten Sie darauf:
◈ Bleiben Sie immer achtsam und konzentriert und überlegen Sie sich, bevor Sie Ihren Hund ins Sitz bitten, um eine Übung zu starten, wie Sie die Übung gestalten wollen:

◇ welche Beute legen Sie wie und wo aus (sichtbar oder unsichtbar)

◇ welche Übungen werden Sie abfragen, wenn der Hund bei Ihnen angekommen ist

◇ wie werden Sie die Belohnung gestalten

◈ Sie können sowohl bei der Ausgangsposition, bei den Übungen wie bei der Belohnung Variationen einfügen, aber achten Sie darauf, dass Sie nicht an allen Elementen gleichzeitig etwas verändern, sondern immer nur eins nach dem anderen.

◈ Denken Sie daran, dass Sie jedes Mal, wenn Sie ein neues Element einfügen, verändern oder schwieriger machen, an einer anderen Stelle etwas leichter machen sollten.

◈ Schauen Sie, dass Ihr Hund nicht zuerst zur Beute geht (wichtig!).

◈ Wenn die Distanzen größer werden und/oder wenn Sie mehr Übungen abfragen, sollten Sie daran denken, die Belohnung aufzuwerten.

Erst, wenn Sie sicher sind, dass Ihr Hund sitzenbleibt, während Sie seine Beute weglegen und dass er zu Ihnen kommt, anstatt direkt zur Beute zu laufen und danach noch präsent und klar genug ist, um die von Ihnen angefragte Übung durchzuführen, können Sie die Anforderungen erhöhen.

Fortgeschritten

Jetzt sind Ihr Hund und Sie fließend in der Basis-Dreieckkonstruktion. Es gibt keine Fehler mehr, Sie müssen nicht wiederholen oder korrigieren, Sie können sich darauf verlassen, dass Ihr Hund sitzenbleibt und mit Ihnen kooperiert, bis Sie ihn zur Beute schicken.

Jetzt können wir den Schwierigkeitsgrad etwas anheben. Sie bleiben beim Dreieck, aber fügen allmählich immer mehr Herausforderungen dazu:

Variation A

◈ Das Dreieck ist gleichschenklig.

◈ Die Distanzen sind größer (5–15 m).

◈ Es werden Kombinationen von zuerst zwei Übungen abgefragt, danach können Sie dies langsam auf drei bis vier Übungen steigern.

◈ Sie können die Beute verstecken.

Jetzt wird das Dreieck gleichschenklig und die Distanzen werden größer.

Dreieck Variation A (Beute versteckt)

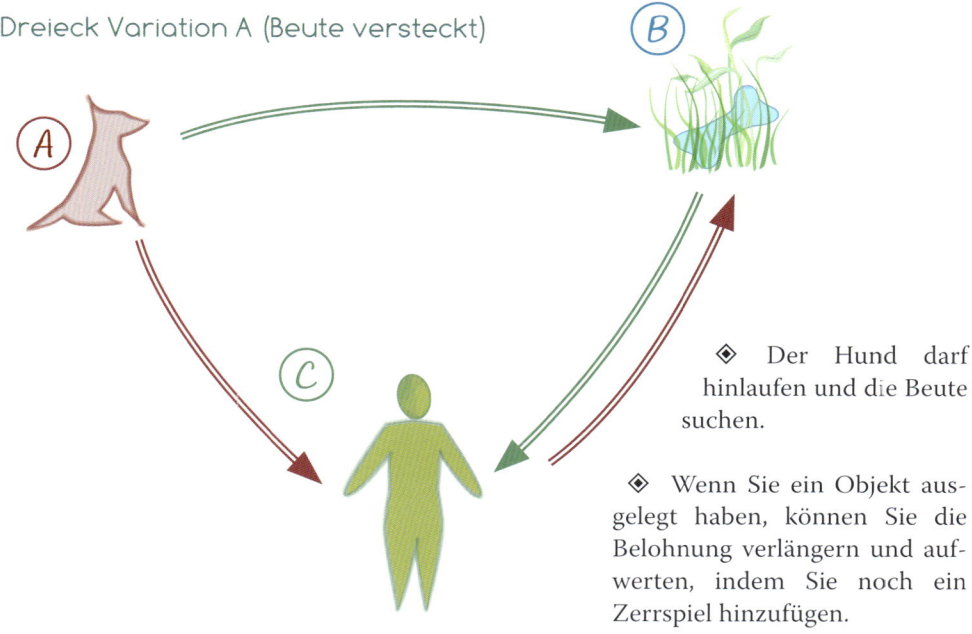

- Der Hund darf hinlaufen und die Beute suchen.

- Wenn Sie ein Objekt ausgelegt haben, können Sie die Belohnung verlängern und aufwerten, indem Sie noch ein Zerrspiel hinzufügen.

Dreieck Variation B

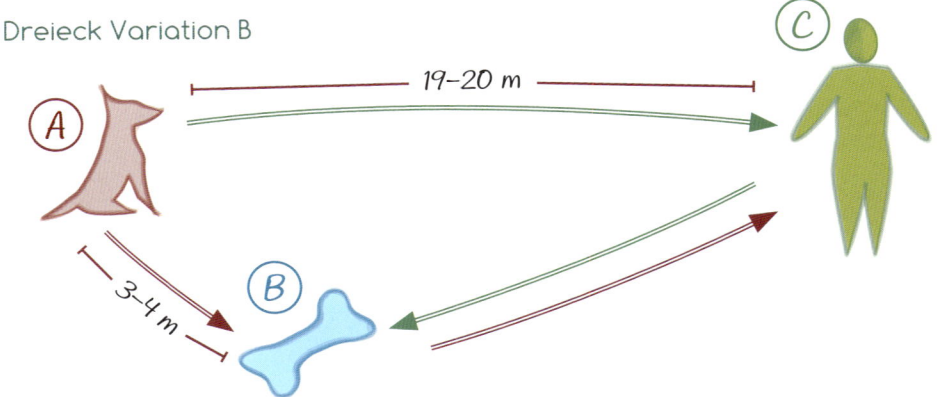

Variation B

- Das Dreieck ist wieder schmaler, aber die Laufdistanzen für den Hund sind genauso lang.
- Der Hund sitzt näher zur Beute als zu Ihnen, die Verführung ist größer.
- Jetzt reduzieren Sie die Anzahl der abgefragten Übungen zunächst wieder auf eine Kombination von zwei. Wenn das gut geht, dann erst wieder auf eine Kombination von drei.
- Am Ende wird der Hund zur Beute geschickt.

Variation C

- Das Dreieck wurde zu einer linearen Konstruktion abgeflacht.
- Die Beute liegt nun zwischen Hund und Person aus.
- Der Hund muss an der Beute vorbei zu seiner Person laufen.
- Hier wird erstmal eine einzige leichte Übung abgefragt, erst später wird wieder auf eine Kombination von zwei bis vier gesteigert,
- dann wird er zur Beute losgeschickt,

Dreieck Variation C

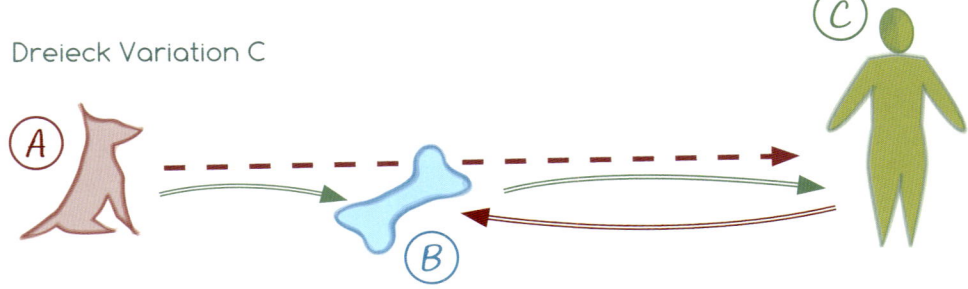

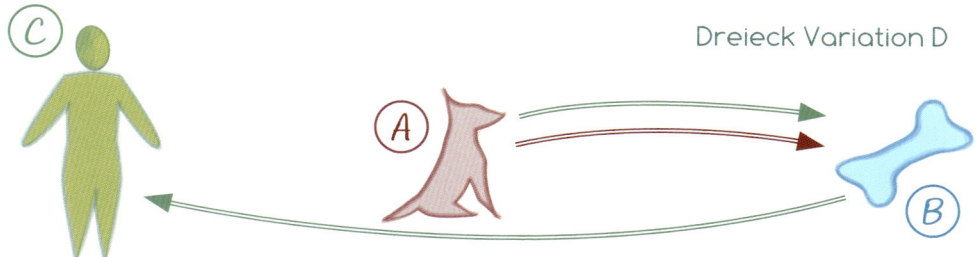

Dreieck Variation D

Variation D

- Wieder haben wir hier eine lineare Konstellation.

- Der Hund sitzt zwischen Beute und Person.

- Nachdem die Beute ausgelegt wurde, geht die Person am Hund vorbei bis hinter den Hund.

- Es wird eine Übung abgefragt, für die der Hund nicht zur Person kommen muss, zum Beispiel Blickkontakt, Platz, Steh.

- Sobald der Hund das Gefragte ausführt, wird es gemarkert und er darf zur Beute.

Weitere Variationen und Steigerungsmöglichkeiten auf diesem Niveau wären beispielsweise:

- Sie können das Verhalten, das er bei Ihnen anbieten sollte, länger abfragen: Zum Beispiel ein Kinntarget, das einige Sekunden lang gehalten wird.

- Sie können zwischen einem kurzen Handtarget links und einem längerem Kinntarget rechts wechseln.

- Sie können Übungen kombinieren, die nicht ganz so selbstverständlich zu kombinieren sind, wie zum Beispiel Einparken + Fuß Target oder ein Kinn Target + Blickkontakt, oder Einparken + Kinn Target + Blickkontakt.

Kira parkt ein und bietet ein perfektes und langes Kinntarget an.

Kenzo parkt ein, bietet ein Fußtarget und Blickkkontakt an.

◈ Sie können die lineare Konstellation beibehalten und die Beute direkt vor Ihren Hund ablegen, sich dann entfernen, Ihren Hund zu sich rufen, zwei bis vier Übungen abfragen und ihn dann die ganze Strecke bis zu seiner Beute zurückschicken. Diese Variation ist wunderbar, wenn Sie einen Hund haben, der gern rennt. Sie können die Distanz nach und nach vergrößern, sodass er viel Laufspass haben kann. Letztere Übung ist ähnlich wie Variation C, wobei in diesem Fall die Beute noch näher an Ihrem Hund liegt und die Verleitung dadurch größer wird.

> Warten Sie mit letzterer Variation, bis Ihr Hund sehr gefestigt ist und das Spiel aus dem Effeff kennt. Sie werden genau bei dieser Version feststellen, dass es für ihn nicht mehr wichtig ist, wo die Beute liegt, sondern dass er sich bombenfest auf das Holen oder Suchen seiner Beute verlassen kann und er einfach genauso viel Freude an dem Dreieckspiel an sich hat als am Ergattern der Beute. Ziel erreicht!

Das Viereck

Nun können wir die Dreiecksübung auf eine Vierecksübung steigern. Auch hier wieder gibt es Einiges zu überlegen, insbesondere, was am vierten Punkt dieser Übung eingefügt wird. Das kann ein Target fast jeder Form sein: ein Nasentarget, Bodentarget, ein Baumtarget, aber es sollte ein externes Target sein und kein Hand- oder Fußtarget. Genau so gut könnten Sie am vierten Punkt einen Baum umrunden lassen oder Ihren Hund daran hochspringen lassen, nachdem Sie ihn dahin schicken. Bitte überlegen Sie anfangs genau, wie Sie diese Übung so gestalten, dass Ihr Hund keinen Fehler machen kann. Erst, wenn ihm dieses vierte Element geläufig ist, können Sie auch die Position des vierten Elementes kniffliger machen. Klar ist, dass das Einfügen einer vierten Station die Impulskontrolle und die Kooperation, die Ausdauer der Konzentration und seine Präsenz beansprucht.

> **Tipp:** Wenn ich diese Übungen, die bereits etwas komplexer werden, mit meinen Kunden spiele, lasse ich diese selbst einmal laut vorsagen, was genau sie in der Übung vorhaben. Dabei sollen sie auch zeigen, wo der Hund sitzen bleiben sollte, wie und wo sie die Beute auslegen, wo sie sich selber hinstellen und was sie an Übungen abfragen, wenn der Hund zu ihnen kommt. Das hilft, Ordnung und Klarheit im eigenen Kopf zu gestalten und trägt wesentlich zum Gelingen dieser Übung bei.

Vierecksübung mit Bodentarget

Es ist nicht egal, wo Sie anfangs das Bodentarget auslegen. Ich finde es wichtig, dass Sie zunächst bei jeder Wiederholung das Target wieder neu auslegen, sodass Ihr Hund genau mitbekommt, was auf ihn wartet.

- Lassen Sie Ihren Hund absitzen auf Punkt A).
- Legen Sie die Beute aus auf Punkt B).
- Legen Sie dann das Bodentarget aus auf Punkt D).
- Positionieren Sie sich auf Punkt C).
- Nun rufen Sie Ihren Hund zu sich und fragen eine einzelne leichte Übung ab, zum Beispiel Handtarget.
- Danach schicken Sie ihn zum Bodentarget und rufen ihn zu sich zurück.
- Hier können Sie auch wieder eine einzelne leichte Übung abfragen, wie zum Beispiel „Sitz".
- Geben Sie dann Ihrem Hund das Freisignal, um zur Beute zu laufen.

Bei den ersten Wiederholungen ist es absolut OK, die Zwischenstationen, wenn Ihr Hund zu Ihnen zurückkommt, mit Click und Futter zu

Viereck mit Bodentarget

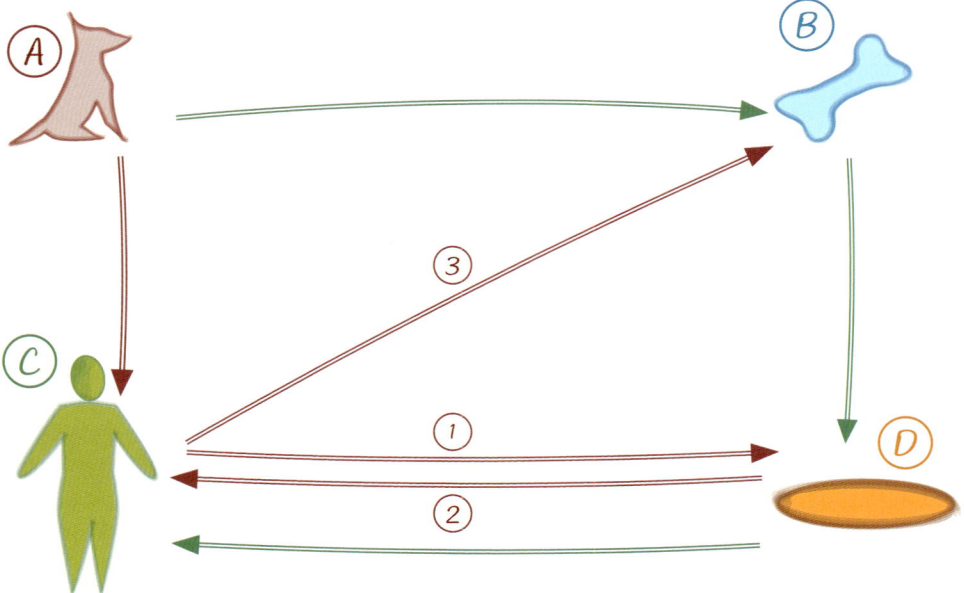

belohnen. So festigen Sie diese neue Konstellation. Nach und nach können Sie dann die Zwischenbelohnungen ausschleichen und ihn als einzige große Belohnung zur Beute schicken. Dies verlangt von Ihrem Hund etwas Frustrationstoleranz. Machen Sie langsam, denn Frust ist unser Feind und bauen Sie es in kleinen sich für Ihren Hund lohnenden Schritten auf.

> **Tipp:** Es ist absolut nicht notwendig und schon gar nicht wünschenswert, dass Ihr Hund eine Anzahl von Fehlern machen muss, um nachher in diesem Spiel wirklich gut zu werden. Es ist viel produktiver und effektiver, wenn Sie als „Trainer" das Dreieck, Viereck oder Fünfeck so durchplanen, dass er keinen Fehler machen kann oder muss. Das ist für alle Beteiligten eine Win-Win Situation.

Was sehen Sie?
Die Beute liegt weiter von Ihnen entfernt als das Bodentarget – dies macht es für Sie beide einfacher, den Hund zunächst auf das Target zu schicken, ihn dann zu sich zurückkommen zu lassen und ihn dann als Belohnung zu seiner Beute freizugeben.

Sollte jedoch das Target an der Stelle der Beute liegen, so müssten Sie zunächst den Hund in die Diagonale zum Target schicken, quasi schräg an der Beute vorbei und dann auch noch zurückkommen lassen, um ihn dann erst zur Beute zu schicken. Bleiben Sie diszipliniert beim kleinschrittigen Aufbau und führen Sie zunächst die oben beschriebene Variation aus. Später können Sie variieren und das Spiel komplizierter machen.

Bevor Sie diese Vierecksübung zum ersten Mal machen, überlegen Sie nochmal genau, was Sie an welcher Stelle von Ihrem Hund abfragen möchten, sodass Sie ihm dies klar und ruhig vermitteln können. Das macht es einfacher.

Variationen:

Wenn diese Konstellation mit jeweils nur einer Übung, die Sie bei Ihnen abfragen, gut funktioniert, dann können Sie hier auch die Anforderungen erhöhen:

❖ zum Beispiel, indem Sie das Target weiter weg legen

❖ oder indem Sie die Position der Beute und des Targets gegeneinander austauschen

❖ oder indem Sie die Beute verstecken und Ihr Hund diese suchen muss.

Aufbauend darauf können Sie dann nach dem Target noch einige Übungen abfragen, bevor Sie den Hund zur Beute schicken.

Mischen Sie immer wieder die Kombinationen der Übungen durch, sodass sich keine Rituale einschleichen. Es sind die Abwechslung und die Variabilität, die das Menschen – und Hundehirn flexibel, fit und wachsam halten.

Vierecksübungen mit Umrundung

Außerdem können Sie überlegen, das Bodentarget durch eine Tonne/Pylone/Baum zu ersetzen, damit Sie Ihren Hund herumschicken können. Der vierte Punkt ist dann ein Umrundungsobjekt.

Wählen Sie auch hier genau die Position von Beute und Umrundungsobjekt aus. Zunächst wie oben beschrieben anstatt des Bodentargets, und nach und nach können Sie sich einfach in der Nähe eines Baumes aufstellen (die Distanz zum Baum, die Sie wählen, sollte für Ihren Hund nicht neu sein) und die Beute beliebig weit oder nahe deponieren.

- ❖ Bitten Sie Ihren Hund, sich hinzusetzen.
- ❖ Gehen Sie zu Punkt B und legen die Beute aus.
- ❖ Gehen Sie zu Ihrer Endposition C.
- ❖ Rufen Sie Ihren Hund zu sich.
- ❖ Schicken Sie ihn zum Umrunden des Baumes und zurück (Sie können Ihn anfangs zwischenbelohnen).
- ❖ Sie können anfangs Ihren Hund sofort zur Beute losschicken.

Viereck mit Umrundung

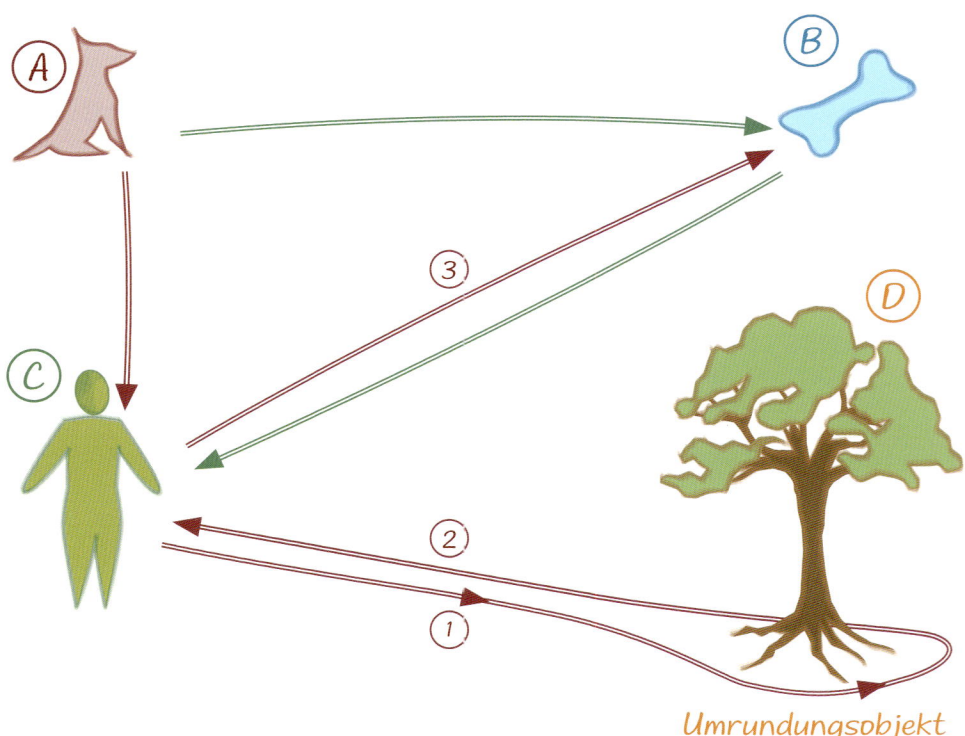

◈ Später können Sie bevor und zwischen der Umrundung des Baumes und der Beute noch eine oder zwei Übungen von Ihrem Hund abfragen.

Auch hier fragen Sie immer zunächst die Umrundung ab, um ihn anschließend zur Beute zu schicken. Die Übungen zwischen dem Herkommen und der Umrundung oder zwischen der Umrundung und der Freigabe halten Sie anfangs auch leicht und wenig und steigern Sie die Kombinationen langsam – und nie ins Unermessliche, denn es soll eine freudige und lockere Beschäftigungsmöglichkeit bleiben.

Wenn Sie sich und Ihren Hund jetzt bei der Vierecksübung aus der Luft betrachten würden, würden Sie sehen, dass Ihr Spiel schon ganz ordentlich nach Distanzarbeit aussieht, auch wenn Sie vielleicht noch nicht ganz große Abstände gewählt haben.

Und so kommen wir dann zum weiteren Ausbau:

Das Fünfeck

Wenn Sie bis zum Viereck in kleinen Schritten weitergekommen sind, ist der Sprung zu einer Fünfeck-Übung gar kein großer oder schwieriger mehr. Immerhin haben Sie bisher mit Ihrem Hund immer wieder das Sitzenbleiben, Herkommen und Freischicken als Belohnung als Konstante in jeder Übung geübt, vertieft und verfestigt. Er wird nun auch wissen, dass egal, was Sie von ihm verlangen, am Ende des Spiels immer seine Beute liegt, die er sich schnappen oder suchen darf.

Zum diesem Thema möchte ich doch noch einmal betonen: Geben Sie Ihrem Hund öfters die Möglichkeit, die Beute zu suchen, anstatt sie nur zu holen, denn die Nasenarbeit ist nicht nur eine sehr artgerechte und auslastende Tätigkeit, sondern eine sehr erfüllende obendrein.

Hierzu ein kleiner Auszug aus dem Artikel „Let me Sniff" von A. Horowitz und C. Duranton: „Wir stellen fest, dass Hunde, die mehr Zeit verbringen können, in der sie ihr Riechorgan aktiv einsetzen, optimistischer (bei Einschätzungen) sind. Wenn Hunde mehr Gelegenheit haben, zu „stöbern" wird ihr Wohlbefinden verbessert."
https://www.sciencedirect.com/science/article/abs/pii/S0168159118304325

> **Tipp:** Führen Sie Buch über Ihre Übungen und halten Sie fest, welche Übungen Ihrem Hund leichtfallen und welche ihn etwas mehr beanspruchen. Treiben Sie den Schwierigkeitsgrad nicht beständig in die Höhe, sondern geben Sie unbedingt zwischendurch nochmal leichter zu bewältigende Aufgaben oder Kombinationen davon. So bleibt Ihnen die Motivation Ihres Hundes erhalten.

Die Fünfeck-Übung schließt jetzt fünf Stationen ein:

◆ Eine, wo der Hund sitzt und bleibt

◆ Eine, wo Sie die Beute auslegen oder verstecken

◆ Eine, wo Sie ein Target auslegen (zum Beispiel)

◆ Ein Baum oder ein Pfosten in Ihrer Nähe

◆ Ihre eigene Position

Diese Fünfeck-Übung beinhaltet neben der ausgelegten Beute noch eine Umrundung der Tonne und ein Bodentarget.

Ein Szenario könnte beispielsweise so aussehen:

◆ Bitten Sie Ihren Hund in eine Sitz – und Bleibposition.

◆ Gehen Sie dann von ihm weg und legen zunächst die Beute aus.

◆ Dann legen Sie ein Bodentarget aus.

◆ Danach positionieren Sie sich unweit von einem Baum.

◆ Jetzt rufen Sie Ihren Hund zu sich.

◆ Lassen Sie ihn kurz vorsitzen.

- Schicken Sie ihn zum Bodentarget, danach sollte er zu Ihnen zurückkommen.

- Hier bitten Sie ihn um ein Handtarget links und ein Handtarget rechts.

- Danach schicken Sie ihn zum Umrunden des Baumes.

- Wenn er danach wieder bei Ihnen andockt oder anhält, können Sie ihm die Beute freigeben.

Fünfeck mit Bodentarget und Umrundungsobjekt

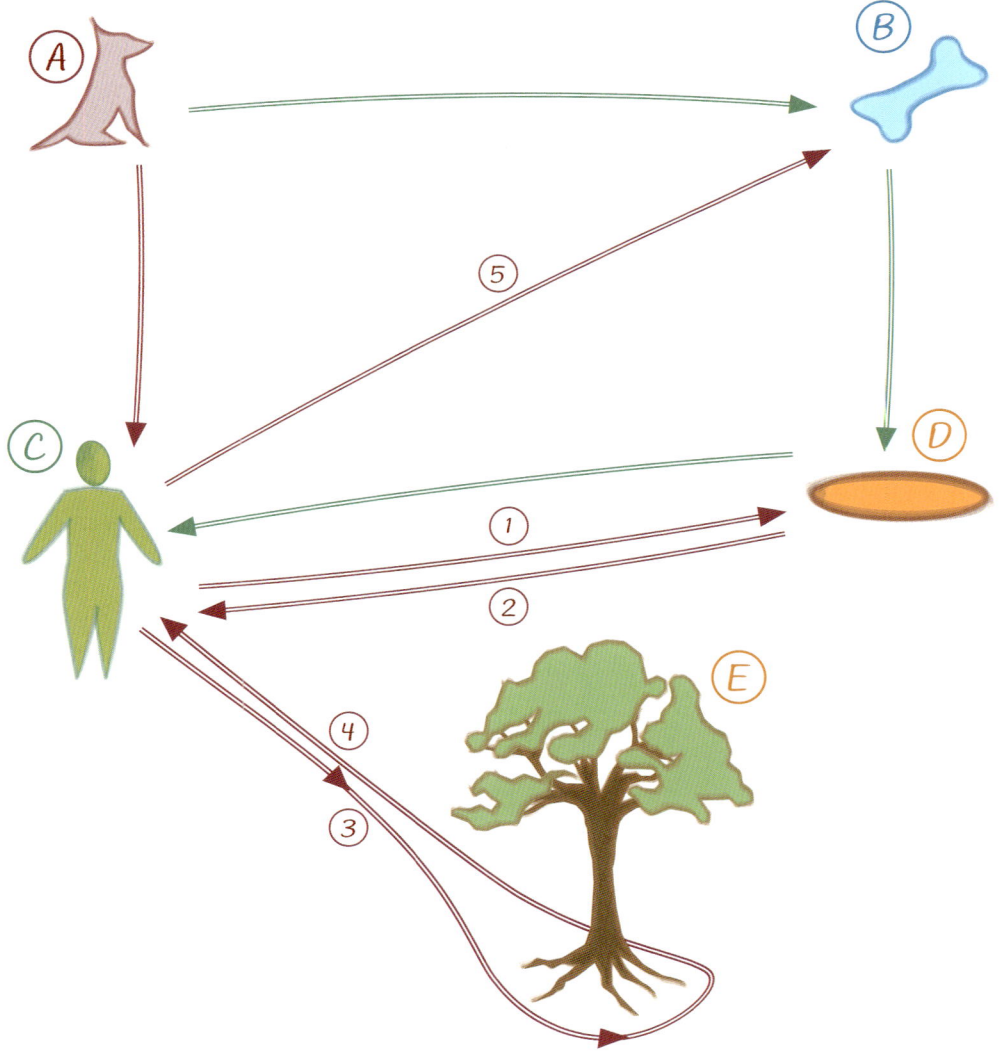

Die Dreiecksübungen – von leicht bis fortgeschritten

Im Grunde genommen sollte Ihr Hund mittlerweile so viel Spaß und Freude an diesen Übungen haben, dass er diese Aufgaben alle mit flotter Geschwindigkeit und Begeisterung ausführt und sich auch schnell von der einen Position zur nächsten begibt. Bei der Freigabe sollte er richtiggehend durchstarten, um sich seiner Beute zu bemächtigen.

Ist dies nicht der Fall und müssen Sie ihn zu jedem Schritt anfeuern oder überzeugen, dann läuft etwas schief. Genau so ist das der Fall, wenn er plötzlich das Sitzenbleiben nicht mehr aushält und aufsteht oder wenn er bei dem ersten Signal der Fünfeckübung bereits Anzeichen von Frust zeigt: Bellen, Winseln, an Ihnen hochspringen, seine Beute holen, bevor Sie diese freigegeben haben oder sich einfach aus der Übung herausnehmen und die Umgebung abschnüffeln. Nehmen Sie bitte diese Zeichen ernst. Denn das Frustrationsverhalten wird möglicherweise immer früher auftreten und dann verliert Ihr Dreiecksspiel jeden Wert. Es kann ein Zeichen der Überforderung sein, aber es kann auch ein Zeichen dafür sein, dass es ihm im Moment nicht gutgeht und er körperlich, geistig oder emotional nicht in der Lage ist, diese komplexe Übung mit Ihnen durchzuführen. Bleiben Sie auf der Hut und beobachten Sie genau, wie Ihr Hund bei den Übungen dabei ist.

Bei der kleinsten Veränderung, die Sie wahrnehmen, ist die beste Lösung, erst einmal eine Pause einzulegen und nach einem oder zwei Tagen erneut zu versuchen: dann allerdings mit einer denkbar einfachen Konstellation. Eine leichte Dreiecksübung mit kleinerer Distanz, ohne Suchen, mit schnellem Finden und mit wenig Aufgaben bei Ihnen, zum Beispiel nur ein Handtarget an einer Hand. Wenn er gern zerrt, können Sie die Belohnung noch mit einem Zerrspiel aufwerten und verlängern.

Die Möglichkeit, den Schwierigkeitsgrad zu reduzieren, haben Sie zu jeder Zeit.

Variationen der Fünfeckübung:

Anstelle des Baumes können Sie Ihren Hund selbstverständlich auch ein anderes Objekt umrunden lassen. Wenn die Objekte stark von einem Baum/Pfosten oder Pylone abweichen, wäre es vernünftig und fair, dies erst einmal gesondert und außerhalb der Übungen mit Ihrem Hund durchzuexerzieren: so können Sie Ihren Hund um eine Strauchgruppe, ein Gartenhäuschen, eine Sitzbank, einen Felsen oder um einen Teich herumschicken. Das „Herum" Signal müsste dazu allerdings sehr gut generalisiert sein.

- ❖ Anstelle einer Kombination Baumumrunden und Target können Sie sich auch überlegen, Ihren Hund um zwei Bäume nacheinander zu schicken, wenn Sie zwei in Ihrer Nähe haben.

- ❖ Sie könnten jedoch auch zwei unterschiedliche Handlungen an zwei unterschiedlichen Bäume abfragen: um den einen Baum sollte er herumlaufen und den anderen Baum sollte er als Baumtarget nutzen. Das ist eine schöne Gelegenheit, um festzustellen, wie gut diese beiden Signale sitzen.

◈ Sie könnten Ihren Hund zwei Mal zum gleichen Baum schicken: ein Mal zum Umrunden und ein Mal als Baum Target.

◈ Anstatt Bodentargets können Sie Nasentargets benutzen oder Sie können den Baum oder den Posten als Nasentarget benutzen.

Und jetzt lassen Sie Ihrer Kreativität und Ihrem Gefühl freien Lauf. Sie haben nun viele Möglichkeiten, um diese Übungen vielseitig und abwechslungsreich zu gestalten: Wenn Sie bei der Fünfeckübung angekommen sind, werden Sie bestimmt schon festgestellt haben, was dies für Sie, Ihren Hund und Ihre Beziehung für eine Bedeutung hat.

„Nicht Ihr Hund, sondern Sie als Begleitperson sind der Schlüssel zum Erfolg."

Snoopy läuft voller Elan um eine Tonne herum.

Erziehungselemente im Dreieck

Die Dreiecks-Konstellation kann man auch sehr gut nutzen, um einige Erziehungselemente zu vertiefen. Selbstverständlich sollte auch hier wieder Ihr Hund wissen, um was es geht und keine neuen Übungen in dieser Konstellation ausführen müssen.

Persönlich wechsle ich auch gerne mal ab und füge ab und zu einige „seriöse" Übungen ein.

Autonome Umorientierung

Wenn Ihr Hund von sich aus bei Ihnen durch einen Blickkontakt „eincheckt", nenne ich das die autonome Umorientierung. Autonom deshalb, weil er sie aus eigener Motivation macht und kein Signal von mir braucht. Dennoch können wir das immer wieder verstärken, in dem wir nach so einen Check-in eine tolle Belohnung ermöglichen. Hier im Dreieck oder in der linearen Übung wäre die Belohnung das Weiterschicken zur Beute.

Wie geht es?
- Bitten Sie den Hund ins Sitz und Bleib.

- Entfernen Sie sich von ihm in seine Blickrichtung und deponieren Sie einige Meter vor ihm sichtbar die Beute auf den Boden.

- Gehen Sie nun eine Strecke zurück bis einige Meter hinter Ihren Hund.

- Das einzige, worauf Sie jetzt warten, ist eine deutliche Kotaktaufnahme, indem er seinen Kopf und seinen Blick in Ihre Richtung wendet, ohne dass Sie dies anfordern.

- Darauf hin markern Sie und schicken ihn zur Beute.

Die Hundeperson lernt hier sehr deutlich, nicht mehr in die Tasche nach einem Leckerchen zu greifen und schult ihren Blick für das erwünschte Verhalten. Die Beute liegt sichtbar und greifbar vor dem Hund: nichts möchte er lieber, als dahin zu kommen. Die Übung ist eine gute Gelegenheit, um zu prüfen, wie gut Ihr Hund Sie auf dem Schirm hat.

Aktive Umorientierung

Eine aktive Umorientierung ist ein Signal, mit dem Sie Ihren Hund darum bitten, seinen Kopf oder Blick in Ihre Richtung zu lenken. Es ist eine gute Möglichkeit, ein Starren oder Scannen oder anderes Verhalten, das Sie nicht haben möchten, zu unterbrechen. Dadurch, dass er den Kopf in Ihre Richtung wendet, unterbricht er das vorige Verhalten. Oftmals ist Ihr Hund jedoch zu versteift auf das, was er sieht, um leicht und locker den Kopf zu drehen. Genau das können wir in der nächsten Übung sehr gut vertiefen:

Der Ablauf ist fast der gleiche wie in der vorigen Übung der autonomen Umorien-

Eden kann sich von der Beute abwenden und zu seiner Person zurücklaufen, dort ein Handtarget machen und dann zur Beute losgeschickt werden.

Die Dreiecksübungen – von leicht bis fortgeschritten

tierung, aber diesmal warten Sie, bis er ziemlich fokussiert auf seine Beute nach vorne (und von Ihnen weg) blickt. Dann geben Sie Ihr Umorientierungssignal (ein Schnalzer, ein Kussgeräusch, seinen Namen, ein „Schau"). Das ist das Verhalten, das Sie haben wollten, auch wenn die Beute ihn sehr ablenkt.

Wie geht es?
- Bitten Sie den Hund ins Sitz und Bleib.

- Entfernen Sie sich von ihm in seine Blickrichtung und deponieren Sie einige Meter vor ihm sichtbar die Beute auf den Boden.

- Gehen Sie nun eine Strecke zurück bis einige Meter hinter Ihren Hund.

- Warten Sie kurz, bis Ihr Hund fokussiert auf die Beute schaut.

- Dann geben Sie Ihr Umorientierungssignal.

- Sie warten auf eine Drehung des Kopfes in Ihre Richtung.

- Darauf hin clicken Sie und schicken ihn zur Beute.

Bei Fuß laufen

Dies setzt voraus, dass Ihr Hund das Signal „Fuß" bereits kennt und weiß, was er daraufhin tun soll. Aber wir sehen oft genug, dass im Alltag viele Hund dann doch mal nach vorne laufen oder „ausbrechen". Ich persönlich baue das Laufen bei Fuß mit einem Handtarget auf. Das bedeutet, dass der Hund meine etwas vom Körper weg gehaltene Hand von unten und hinten anstupsen sollte. Anfangs bekommt er für jede Berührung eine Belohnung. Wenn er dies von alleine macht, sobald er Ihre Hand sieht, können Sie das Laufen neben Ihnen her unter Signal setzen, zum Beispiel mit „Fuß". Schalten Sie nun das verbale Signal vor das Handtarget.

Nun können Sie die Strecken etwas länger werden lassen. Bei-Fuß-Laufen ist für Hunde sehr anstrengend. Verlangen Sie es nur für kürzere Strecken, zum Beispiel, wenn Sie an einem Hof vorbeilaufen oder um eine Ecke biegen, die nicht einsehbar ist. Wenn Sie so weit sind, dass Ihr Hund weiß, dass er neben Ihnen laufen soll, wenn Sie ihm das Signal „Fuß" geben, dann können Sie dies auch in einer Dreiecksübung vertiefen.

Wie geht es?
- Legen Sie die Beute aus, Ihr Hund ist bei Ihnen und sieht, wo Sie diese auslegen.

- Nun geben Sie Ihr „Fuß" Signal und gehen zusammen mit ihm in der Fußposition einige Meter (5–10) weg.

- Wenn er gut und aufmerksam mit Ihnen mitläuft und Sie am Anfang schon mal zehn Meter zurücklegen konnten, können Sie das schöne Mitlaufen markern, sich mit ihm umdrehen und dann zur Beute zurückschicken.

- Die Distanz können Sie nach und nach größer machen. Wenn Ihr Hund gern und schnell läuft, wird er großen Spaß am Zurücklaufen haben, um seine Beute zu holen. Somit wird das vorhergehende Bei-Fuß-Laufen gut verstärkt.

Karlo läuft einwandfrei eine Strecke neben seinem Frauchen und darf nachher seine Beute suchen.

Abruf

Auch, wenn das Herankommen bei jeder einzelnen Dreiecksübung oder Variante davon geübt und vertieft wird, können Sie dies trotzdem noch mal schwieriger gestalten und dafür sorgen, dass Ihr Hund einzig und alleine auf Ihr Abrufzeichen angerannt kommt.

Wie geht es?
- Bitten Sie den Hund ins Sitz und Bleib

- Entfernen Sie sich von ihm und legen die Beute aus.

- Dann vervollständigen Sie das Dreieck, und zwar so, dass Sie etwas weiter weg gehen und auch außer Sicht verschwinden.

- Dann geben Sie Ihr Abrufsignal.

- Sie warten, bis Ihr Hund zu Ihnen angerannt kommt, fragen nur eine einzige leichte Übung ab und schicken Ihn zur Beute weiter.

Da Sie nun außer Sicht verschwinden, vielleicht etwas weiter weg gehen und die Beute dennoch greifbar liegt, sollte sichergestellt sein, dass Ihr Hund das Prinzip der Dreiecksübung schon gut kennt. Dennoch sollten Sie nur wenig und etwas Einfaches verlangen, wenn er zu Ihnen kommt, denn die Impulskontrolle ist schon mehr beansprucht als dann, wenn Sie sichtbar wären. Wenn Sie Ihr Pfiffsignal auffrischen möchten, können Sie genau so vorgehen.

Noch spannender könnten Sie diese Variante machen, in dem Sie zunächst die Beute verstecken, dann sich selber verstecken, Ihren Hund zu sich rufen oder pfeifen und wenn er Sie gefunden hat, können Sie ihn zur Beutesuche losschicken.

Ein zweites Szenario wäre vielleicht noch etwas anspruchsvoller. Anfangs sollten Sie sich hierfür einen Helfer organisieren, der die Beute sichert, sollte Ihr Hund den Abruf nicht umsetzen können. Versuchen Sie einmal Folgendes:

- Bitten Sie den Hund ins Sitz und Bleib.

- Entfernen Sie sich von ihm und legen die Beute aus, wählen Sie einen Abstand von mindestens zwanzig Metern.

- Dann stellen Sie sich auf die dritte Station hin.

- Dann geben Sie Ihr Abrufsignal.

- Sie warten, bis Ihr Hund zu Ihnen angerannt kommt, fragen nur eine einzige leichte Übung ab und schicken Ihn zur Beute weiter.

- Nach vier bis fünf Schritten (Galoppsprüngen) geben Sie wieder Ihr Abrufsignal.

- Wenn Ihr Hund sich im Flug wendet und zu Ihnen kommt, fragen Sie gar keine andere Übung ab, markern Sie das herankommen und schicken Sie ihn sofort zu Beute weiter. Feiern!

Stopp!

Hier wird es spannend! Wenn Ihr Hund ein Stopp-Signal kennt und wirklich alle Aktivitäten prompt einstellt, wenn er dieses hört, dann können Sie dies auch nochmals in der Dreiecksübung vertiefen. Wie ein Stoppsignal geht, haben wir in diesem Buch noch nicht beschrieben – da es mehrere Möglichkeiten gibt, würde ich Ihnen empfehlen, dies erst einmal mit einer Trainerin zu üben.

Wie setzen Sie das Stopp-Signal in der Dreiecksübung um?

- Bitten Sie den Hund ins Sitz und Bleib.

Cody kommt freudig lachend und darf danach zur Beute.

- Entfernen Sie sich von ihm und legen die Beute aus, wählen Sie eine Distanz von mindestens zwanzig Metern.

- Dann vervollständigen Sie das Dreieck und nehmen Ihre Position auf der dritten Station ein.

- Geben Sie jetzt Ihr Abrufsignal.

- Wenn Ihr Hund bei Ihnen angekommen ist, lassen Sie ihn eine oder maximal zwei leichte Übungen ausführen.

- Danach schicken Sie ihn zur Beute weiter.

- Nach vier bis fünf Schritten geben Sie das Stopp-Signal.

- Wenn Ihr Hund anhält, markern Sie sofort und schicken ihn weiter zur Beute. Und feiern Sie!

Mit diesen Varianten haben Sie nun einige Ideen, wie Sie alltägliche Signale vertiefen können. Machen Sie dies mit Maß und Einfühlsamkeit, denn die Übungen sind nicht einfach für Ihren Hund. Lassen Sie sich noch eine extra Belohnung einfallen, wenn Sie merken, dass es Ihren Hund einiges gekostet hat und denken Sie daran, oftmals kleinere Pausen ein zu fügen.

6. Troubleshooting: Was tun, wenn …?

Ihr Hund kürzt die Übung ab und läuft sofort zur Beute.
Schauen Sie, dass Sie jemand zur Hilfe dazu nehmen, der die Beute sichern kann, indem er den Fuß daraufstellt (nur, wenn notwendig) oder sie schnell entfernt, bis Ihr Hund den Ablauf verstanden hat und diesen Fehler nicht mehr macht. Wenn Sie keine Hilfe haben, sichern Sie Ihren Hund alternativ dazu an der Zehn-Meter-Leine und können so vermeiden, dass er Zugang zur Beute hat, bevor er zu Ihnen gekommen ist.

Ihr Hund ist so erregt, dass er gerade noch zu Ihnen kommen kann, aber dann keine Übung mehr ausführen kann.
Schauen Sie, ob die Qualität der Beute nicht zu hoch ist und passen Sie diese eventuell an. Alternativ können Sie die Übung, die Sie von ihm abfragen möchten, nochmals in mehreren Wiederholungen außerhalb des Dreieck-Kontextes üben. Zum Beispiel das „Sitz" oder das Handtarget. Wenn Sie diese Wiederholungen super gut belohnen, wird das Verhalten für das Gehirn Ihres Hundes trotz freudiger Erwartung etwas zugänglicher sein und wird er sich von seiner Aufregung nicht so ausbremsen lassen.

Ihr Hund interessiert sich nicht für diese Übung, steht auf und geht schnüffeln.
Dieses Verhalten kann bedeuten, dass Ihr Hund überfordert ist, dass er das Sitz und Bleib noch nicht gut genug beherrscht, dass Ihre Körpersprache nicht einladend genug oder gar bedrohlich wirkt (siehe S. 23), dass er müde ist oder ihm das Spiel aufgrund hoher Anspannung oder körperlichen Stresses nicht leicht fällt. Möglicherweise haben Sie bei den vorigen Wiederholungen den Bogen überspannt: zu oft, zu angespannt oder frustriert. Atmen Sie durch, machen Sie eine kleine Pause und versuchen Sie es nochmal neu. Manchmal ist es auch richtig, das Ganze auf den nächsten Tag zu verschieben. Aber es kann auch bedeuten, dass der Verstärker bei den vorigen Übungen nicht interessant genug war.

Überlegen Sie, wie Sie Ihren Hund besser, länger, hochwertiger belohnen können: zusätzlich zum Spielzeug noch einige Futterstückchen, nach dem Finden noch ein Zerrspiel, das Objekt einfach nochmal durch die Luft wirbeln oder eine andere Futterbelohnung.

Ihr Hund verhält sich aufgeregt, sobald er sieht, dass Sie mit Ihm die Dreiecksübungen spielen wollen.
Das äußert sich, in dem er bei dem ersten Sitz und Bleib-Signal bereits losbellt oder Übersprungsverhalten zeigt wie zum Beispiel sich wälzen, über den Boden robben, in die Leine beißen oder an Ihnen hochspringen und ähnliches. Aufgepasst! Hier könnten Sie bei den vorigen Wiederholungen Ihren Hund überfordert haben. Machen Sie erst ein paar ruhige, einfache Übungen, völlig losgelöst von dem Dreiecksystem, und wenn das Erregungsniveau sich etwas normalisiert hat und Ihr Hund voll dabei ist, dann fragen Sie die das Einstiegsmodell der Dreieckübung ab.

7. Markertraining – positiv, gewaltfrei und effektiv

Positiv – das Gleiche wie gewaltfrei?

Im Internet und in der Fachliteratur wird gern und viel über positives Training geschrieben. Oft genug gilt hier der bekannte Spruch: Papier ist geduldig. Im Grunde genommen sagt das Wort „positiv" nicht unbedingt aus, dass der oder die Trainer/-in auch tatsächlich gewaltfrei arbeitet.

Positiv bedeutet: ich bringe dem Hund Neues bei oder trainiere mit ihm, indem ich ihm für gutes Verhalten etwas als Belohnung verabreiche. Positiv heißt: mein Umgang mit dem Hund ist zu jeder Zeit so, dass er sich verstärkt fühlt, wenn er mit mir zusammenarbeitet. An früherer Stelle wies ich darauf hin, dass ich persönlich durch die Dreiecksübungen gelernt habe, auf negative Äußerungen von Ärger oder Enttäuschung meinerseits zu verzichten. Der No-Reward-Marker („keine-Belohnung"-Signal) ist etwas, das oft auch im sogenannten positiven Training eingesetzt wird, um dem Hund zu signalisieren, dass er etwas nicht richtig macht. Einverstanden, es ist keine unangenehme oder körperliche Einwirkung. Jedoch stelle ich fest, dass der No-Reward-Marker immer dann, wenn er ein fester Bestandteil der Kommunikation zwischen Mensch und Hund ist, auch sehr gern und sehr oft zum Einsatz kommt. Manchmal sogar öfter als das Markersignal, das einen Verstärker ankündigt. In dem Fall können wir beim besten Willen nicht mehr von „positivem" Training sprechen, da der lernende Hund allzu häufig Information bekommt, womit ihm signalisiert wird, dass die Verstärkung nicht stattfinden wird. Ich empfehle, so zu trainieren, dass man gänzlich auf diese No-Reward-Marker verzichten kann. Gerade bei den Dreiecksübungen kann dies sehr gut verinnerlicht werden, da vor allem am Anfang vielleicht mal etwas schief geht. Daher mein Slogan: „Trainiert das NEIN aus der Kommunikation weg!" Grundsätzlich kann man sagen: Wenn der Lernende allzu oft Fehler macht, muss der Trainer sein Training reflektieren und die Übung so gestalten, dass der Hund nicht in der Lage ist, Fehler zu machen.

Gewaltfrei

Gewaltfrei heißt, dass man das Training in einem Rahmen durchführt, in dem der Hund keinen Zwang, keine körperlichen Einwirkungen, keine Angst oder Einschüchterung und keinen Schmerz erfahren oder empfinden muss. Gewaltfrei heißt jedoch auch, dass Hunde nicht forsch oder wütend und laut angeschrien werden. Im Übrigen ist das Anschreien tatsächlich eine Strafe, die mehr oder weniger Wirkung hat beziehungsweise an die sich Hunde sehr wohl gewöhnen können, die aber nichts Positives zur Stimmung beitragen kann. Werden Sie leise und Sie werden sehen, dass die Lautstärke überflüssig ist und Ihr Hund hellhöriger und aufmerksamer wird. Ich staune immer wieder, wie strahlend Hunde, die ohne Gewalt und Einschüchterung erzogen werden, in die Welt hineinschauen.

Elli schaut zuversichtlich und voller freudiger Erwartung.

Was ist zu beachten, wenn Sie Ihrem Hund ein neues Verhalten beibringen möchten?

Neues Verhalten in einem ruhigen, stressfreien und geschützten Rahmen unterrichten.

Eine gute, passende Belohnung bereithalten, für die Ihr Hund wirklich gern mitarbeiten will (nicht in der Hand, sondern unsichtbar in einer Tasche oder in einem Behälter).

Eine genaue Vorstellung von dem Verhalten haben, das Sie Ihrem Hund beibringen wollen.

Einige gute Wiederholungen mit starker Belohnung durchführen – dafür die Geduld aufbringen und die Zeit einplanen.

Nach nur wenigen Wiederholungen (2–4) eine kleine Pause einlegen. In der Pause darf der Hund machen, was er möchte (ich schicke meinen Hund gern schnüffeln und streue dazu einige Leckerchen, wenn er sonst keine Ideen hat).

Eventuell kann man dazu einige Male den Hund mit Futter in der Hand in das Zielverhalten oder in die Zielposition die Handlung locken. Bitte nach 2-4 Mal unbedingt das Locken mit gefüllter Hand einstellen und nur noch belohnen, wenn das Verhalten ohne Lockhilfe ausgeführt wurde.

Möglichst mit leerer Hand trainieren. Hände neutral halten und nicht in der Nähe oder in der Futtertasche.

Die Belohnung sollte so und dort verabreicht werden, dass sie den Hund in der Übung weiterbringt. Zum Beispiel: Wenn der Hund auf dem Boden stehen bleiben sollte: das Futter so verabreichen, dass er die Vorderbeine nicht vom Boden heben muss, um das Futter anzunehmen.

Schauen Sie zu, dass Sie von dem Hund nichts abfragen, das er unter diesen Umständen unmöglich ausführen kann. Beispiel: sich auf grobem Schotter hinlegen, etwas suchen in hohen Nesseln oder sich irgendwo hinsetzen, wo kein Platz dafür ist.

Erst, wenn das Verhalten gut und prompt angeboten wird, sollte man ein Signal davorschalten.

Zum Verbinden eines Signals mit einem schon verstärkten Verhalten geben Sie zuerst das verbale Signal ohne jegliche körperliche Geste und fragen dann das Verhalten so ab wie zuvor. Dies einige Male ganz präzise wiederholen.

Immer wieder kleine Serien von guten Wiederholungen abfragen und flott und gut verstärken.

Den Rahmen für diese Wiederholungen variieren und den Schwierigkeitsgrad steigern.

Wenn einige Wiederholungen wieder weniger gut werden, gehen Sie wieder einen Schritt zurück: Belohnung optimieren, Umfeld ablenkungsfreier gestalten.

Jedes Mal, wenn Sie zu der Übung ein Element hinzufügen oder sie schwerer machen, sollte an anderer Stelle etwas leichter werden.

Sabine hält die Hände neutral, sodass Cody nicht von einer Hand abgelenkt wird, die um die Futtertasche herumschwebt.

Was verändert sich, wenn Sie mit Ihrem Hund die Dreiecksübung spielen?

Es wird sich in der Kommunikation zwischen Ihnen und Ihrem Hund eine Menge verändern. Sie wird klarer, deutlicher, eindeutiger. Sie wird einfach nur Tolles versprechen. Und wie der Mensch halt so ist: je mehr Praxis Sie und Ihr Hund haben, desto öfter werden Sie Abkürzungen benutzen, zum Beispiel die Beute wegwerfen statt deponieren, Sie werden mal nur Sichtzeichen geben oder mal nur verbale Signale geben, Sie werden mal eine Sequenz von Verhalten so abkürzen, dass Sie nur das letzte Verhalten abfragen weil der Hund die vorherige schon kennt und voraussetzt. Sie werden nur noch wenig brauchen, um mit Ihrem Hund reden zu können… und das geht in zwei Richtungen.

Es wird ein Art Komplizenschaft entstehen: Du und ich, wir haben „unser" Spiel. Ihr Hund wird zu hundert Prozent dabei sein und es auf Dauer überall und zu jeder Zeit mit Ihnen spielen können. Komplizenschaft ist laut Duden Gemeinsamkeit, die sich in Zusammenarbeit und gegenseitiger Begünstigung ausdrückt.

Sie werden bei Wind und Wetter eine Idee haben, wie Sie den Spaziergang für

Ihren Hund spannender machen können – wie Sie Kopf und Körper beanspruchen können, ohne ihn zu überfordern. Sie werden sich beim Autofahren schon Gedanken machen, welche „Konstellation" Sie beim nächsten Mal ausprobieren, und wenn Sie mit Ihrem Hund unterwegs sind, werden Sie nach tollen, abwechslungsreichen und kreativen Gestaltungsmöglichkeiten in der Natur Ausschau halten. Keine Mauer, keine Stufe, kein Baumstamm oder Baum, kein Häuschen oder Hütte ist vor Ihren gemeinsamen Machenschaften noch sicher. Es wird Ihren Hund begeistern, einen Menschen zu haben, der sich immer wieder etwas Neues einfallen lässt und ihn dabei nie unter Druck setzt, ihn nicht überfordert, ihn nicht bedrängt und ihn zu nichts zwingt. Und Sie werden begeistert sein, wie präsent und motiviert Ihr Hund mit Ihnen unterwegs ist, weil er sicher darauf vertrauen kann, nie leer auszugehen.

Wie bringen wir nun unseren Hunden diese vielen Fähigkeiten bei? Diejenigen unter Ihnen, die mit dem Markertraining bereits gut vertraut sind und schon damit arbeiten, können das folgende Kapitel überspringen, wenn Sie möchten. Für alle anderen ist hier noch einmal kurz zusammengefasst, was das Markertraining ausmacht und warum es so erfolgreich ist.

Harmonie entsteht, wenn Ihr Hund auch ein Mitspracherecht hat.

8. Kleine Auffrischung: Markertraining

Lernen über die positive Verstärkung

Seitdem ich das Clickertraining, auch Markertraining genannt, kennenlernen durfte und im Alltag mit meinen Hunden und Kunden einsetze, kann ich mir einfach nicht mehr vorstellen, ohne Markersignal (oder alternativ dazu Clicker) zu trainieren.

Ein Marker ist ein Brückensignal, das dem Lernenden signalisiert: „das war gerade ganz richtig und nun folgt eine Belohnung". Ein Wort, ein Geräusch, eine Geste: dies alles können Markersignale sein und entsprechend eingesetzt werden. Die gängigsten Versionen sind der Clicker (ein kleines Gerätchen, das ein knackiges Geräusch produziert und fest mit einem Verstärker verknüpft wurde) oder auch ein Markerwort (immer das gleiche kurze Wort, das im alltäglichen Sprachgebrauch so gut wie nicht benutzt wird und recht emotionslos ausgesprochen werden kann). Einige Bespiele für Markerworte wären: „click", „yes", „yip", „top", „keks". Sie stellen fest, dass diese Wörtchen alle sehr kurz sind, knackig auszusprechen sind und nicht unbedingt mit viel emotional geladener Tonalität belegt werden können.

Muss ich markern, um erfolgreich zu trainieren?

Wenn Sie auf eine gute Lernhistorie mit Ihrem Hund zurückblicken können und eine effektive Routine haben, ihm Neues beizubringen, ist die Nutzung von Clickertraining selbstverständlich kein Muss. Dennoch werden in diesem Buch die Übungen und Vorgehensweisen in diesem Buch weiterhin anhand von Markertrainig / Clickertraining beschrieben.

Aus der Erfahrung in der Praxis konnte ich lernen, dass Hunde, die ohne Brückensignal trainiert wurden und oftmals nur mit Leckerchen oder Lob belohnt wurden, häufig – aber nicht immer – ein schwächeres oder weniger promptes Verhalten anbieten als Hunde, die von Anfang an mit Marker trainiert wurden. Selbstverständlich gibt es dazu auch Ausnahmen, aber mittlerweile frage ich mich, warum nur auf halber Kraft trainieren, wenn es mit dem gleichen Aufwand auch auf vol-

Gut ausgestattet fürs Marker – oder Clickertraining

ler Kraft geht? Das knackige und deutliche Feedback beschleunigt das Lernen.

Der kleine Unterschied

Das Markersignal kündigt zuverlässig eine schnell darauffolgende Belohnung an. Deshalb reden wir beim Markersignal vom „sekundären" Verstärker: ein Signal, das eine baldige Verstärkung ankündigt und immer damit verbunden bleiben sollte. Der primäre Verstärker ist die tastbare Belohnung, die dem Hund unmittelbare Genugtuung verschafft: Futter, Spiel, etwas das er gerne macht. Kurz gesagt: der Click oder das Markersignal bildet eine Brücke zwischen dem Verhalten, das wir uns gewünscht haben, und der Verabreichung der Belohnung dafür. Wir sind mit einem Markersignal viel präziser, deutlicher und berechenbarer für den Hund als mit einem immer wechselnden Lobwort, das womöglich auch noch immer wieder anders emotional betont ausgesprochen wird oder mit nur einer Leckerchengabe. Ja, wir nehmen durch ein neutral ausgesprochenes Markerwort etwas Emotion aus der Bestätigung heraus, aber nichts verbietet uns, ein nette Lobäußerung hinterher zu schicken. Dass Clicker – oder Markertrainer grundsätzlich ihre Hunde wie Roboter funktionieren lassen, ist somit auch widerlegt. Ausnahmen bestätigen auch hier die Regel. Es geht hier schlicht und ergreifend darum, dass der Hund über sein Verhalten die notwendigste und eindeutigste Rückinformation bekommt.

Belohnung ist Verstärkung ist Belohnung

Eine Belohnung verabreichen wir in der Erwartung, dass dadurch das vorhergehende Verhalten in der Zukunft, bei der nächsten Wiederholung, verstärkt angeboten wird. Daher sprechen wir lieber von einem „Verstärker" als von einer „Belohnung". Denn um weiterzukommen und besser zu werden, sollte die Belohnung, die wir unserem Hund geben oder organisieren, so richtig gewählt sein, dass der Hund dafür mehr leisten möchte. Zu beachten ist hierbei, dass nicht wir entscheiden, was für unseren Hund verstärkend wirkt, sondern ganz alleine der Hund selber. Verstärker können von Situation zu Situation variieren und sind bei manchen Hunden sehr variabel. Je nach Situation, Moment oder Wetter kann der Hund eine Belohnung unterschiedlich werten. In der Regel lernt man seinen Hund jedoch immer besser kennen und einschätzen und weiß, welche Belohnung in welchen Umständen wirksam sein wird.

Beim Aufbau von neuen Verhaltensweisen verstärken wir jede Wiederholung konsequent, sodass der Hund ziemlich schnell weiß, was von ihm verlangt wird. Das macht ein Verhalten recht schnell stark, was heißt, dass das Verhalten schnell, stark, deutlich und korrekt angeboten wird. Wenn wir ein Verhalten so stark aufgebaut haben, dass es kaum noch zu verbessern wäre, dann erst können wir anfangen, intermittierend zu verstärken. Damit ist gemeint, dass nicht bei jeder Darbietung das Verhalten gemarkert und verstärkt wird, sondern nur ab und zu. Zwischendurch wird es dann einfach nur mit verbalem Lob anerkannt. Insgesamt sollte man mit dem intermittierenden Belohnen nicht unachtsam umgehen, denn was nicht verstärkt wird, wird auch nicht stärker, sondern eher schwächer. Wenn wir von zehn Malen neun oder acht Mal verstärken, machen wir allerdings das Verhalten, das sehr stark ist, resistent gegen Löschung. Das bedeutet, dass es vielleicht nicht mehr stärker in der Darbietung wird, dafür aber nicht so schnell geschwächt werden wird, wenn es nicht belohnt wird. Wichtig ist, dass beim Auslassen des Markers dennoch ein verbales Lob kommt, sodass das gute Verhalten nicht ignoriert wird und der Hund auf jeden Fall ein positives Feedback erhält.

Daher ist es ganz sinnvoll, auch nebenher ein Lobwort zu prägen, das dem Hund sagt, dass er richtig gehandelt hat, aber im Moment keinen primären Verstärker zu erwarten hat.

Markertraining: die Praxis

Im Folgenden gehe ich kurz und kompakt auf die wichtigsten Elemente des Markertrainings (oft auch als Clickertraining bezeichnet) in der Praxis ein, weil es so effektiv und so schnell wirkt, wenn man Neues einstudieren oder Bekanntes auffrischen und vertiefen möchte. Es gibt allerdings einige sehr gute Bücher, die diese Art des Trainings gründlich erklären, und ich kann nur empfehlen, sich anhand dieser Literatur „clickerschlau" zu machen.

Gut angewandtes und praktiziertes Markertraining ist der Inbegriff von positiver Verstärkung. Das Clickgeräusch oder das Markersignal (ein kurzes, knackiges und nicht alltägliches Wort) überbrückt die Zeitspanne von der Ausführung eines erwünschten Verhaltens bis zur Belohnung. Durch das Signal können Sie Ihrem Hund präzise in der Millisekunde mitteilen, was er richtig gemacht hat. Danach verabreichen Sie die Belohnung, die so gut gewählt ist, dass er dieses Verhalten in Zukunft gern wiederholt.

Der Einsatz des Markertrainings

In meinem Praxisalltag setze ich das Markertraining in allen Bereichen ein, ob in der Welpenerziehung, der Junghunderziehung, für Sport und Beschäftigung oder beim Verhaltenstraining. Auch Hunde, die nicht mehr ganz jung sind, profitieren enorm vom Markertraining – entgegen der gängigen Meinung, dass ältere Hunde nicht mehr lernen.

Mit Herz und Verstand angewendetes Markertraining birgt keine Risiken, sondern bringt nachhaltige Lösungen. Wir lernen, unseren Fokus auf gutes Verhalten zu legen und nicht unbedingt nach zu korrigierenden Fehlern Ausschau zu halten.

Dies ist ein Umdenken. Wer sich jedoch darauf einlässt, wird bald feststellen, wie stark dieses Training ist und wie viel gute Laune es zaubern kann. Je besser man die Technik beherrscht, desto klarer wird einem, dass es fast nichts gibt, das man nicht trainieren kann.

Die Vorteile und Auswirkungen des Markertrainings

Belohnungsorientiertes Lernen eignet sich für alle Situationen und wird von allen Lebewesen sehr gut und gerne angenommen, inklusive vom Menschen: Es erhöht die Kooperationsbereitschaft ungemein und trägt viel zur mentalen Auslastung bei. Mit positiver Verstärkung trainierte Tiere werden stressbeständiger und sehr häufig auch ausgeglichener. Ihnen wird die Möglichkeit gegeben, ihr eigenes Wohlbefinden durch erlerntes Verhalten zu beeinflussen, wodurch sie viel mehr Vertrauen in sich und in ihre Umwelt bekommen. Zudem ist Verhalten, das positiv verstärkt wurde, besonders stark und wird oft in einem größeren Umfang als abgefragt angeboten. Dieses als „Discretionary Effort" bezeichnete Phänomen findet man nur bei der positiven Verstärkung.

Es ermöglicht, dass sich das Mensch-Hund-Team ein Instrumentarium erarbeitet, um den Alltag und eventuelle Krisen gemeinsam zu bewältigen. Markertraining trägt dazu bei, dass der Hund auch in stressigen Situationen weiter kognitiv denken kann, statt zu reagieren, und es ermöglicht dem Menschen, auf Erlerntes zurückzugreifen. Markertraining erlaubt eindeutige Kommunikation und klare Rückmeldungen an den Hund, wodurch gerade in spannenden Situationen Verwirrung vorgebeugt wird. Wenn Sie Ihren Hund anhand von Markertraining erziehen und trainieren, bauen Sie unweigerlich ein riesiges Vertrauenskonto auf, das Ihnen im Alltag noch viele Vorteile bieten wird.

Die Voraussetzung dafür, dass wir erwünschtes Verhalten wahrnehmen und mit dem Clicker einfangen, ist, stets achtsam zu bleiben und keine Gelegenheit zu verpassen, gutes Verhalten einzufangen und zu bestätigen. Sicher können Sie sich vorstellen, wie schnell die Stimmung im Training und Zusammenspiel sich verbessert: die Person konzentriert sich auf „richtiges" Verhalten und der lernende Hund wird von Erfolgsmoment zu Erfolgsmoment befördert. Schon bald wird der Hund von sich aus immer mehr Lust auf eine Aktivität zusammen mit Ihnen haben, denn er weiß ja nun, dass alle seine guten Leistungen honoriert werden. Achten Sie darauf, wie selten Sie dann noch so etwas wie „Aus" „Pfui" oder „Nein" sagen müssen. Sie werden feststellen, dass Sie mit der Zeit immer besser darin werden, Ihren Hund durch positive Bestärkung zu richtigem Verhalten zu lotsen, ohne mit Verboten und negativen Ansagen die Stimmung zu trüben.

Gute Stimmung ist ein sehr wichtiger Faktor im alltäglichen Umgang und im Training mit dem Hund. Kein Wunder, dass gerade ängstliche und unsichere Hunde durch das Markertraining schnell ein gesundes Selbstbewusstsein aufbauen. Sie werden dabei von einem positiven Ereignis zum nächsten transportiert. Darüber hinaus setzen Markersignale viele positive Impulse im Gehirn und Nervensystem des Hundes – so tragen sie ganz direkt zum seelischen und mentalen Wohlbefinden bei. Wenn Sie einen sehr ängstlichen, ja traumatisierten Hund mit Clickertraining auffangen, werden Sie staunen, wie schnell die Rute locker wedelt anstatt unten eingeklemmt zu bleiben.

Aufbau eines Markersignals

Für den Aufbau des Markersignals werden ein Clicker oder ein Markerwort und reichlich tolle Leckerchen benötigt.

Markertraining beinhaltet, dass ein konditioniertes Signal benutzt wird, um erwünschtes Verhalten zu markieren. Dieses Markersignal kann ein Wort, ein Laut oder eine Geste sein. Häufig wird ein Clickgeräusch verwendet, das mit einem kleinen Werkzeug, dem sogenannten Clicker, erzeugt wird. Man kann aber ebenso gut mit einem Wort (Markerwort) arbeiten oder sogar Markerwort und Clicker parallel benutzen. So handhabe ich es, wobei es von der Situation und dem Moment abhängt, auf welches Signal ich zurückgreife. So bevorzuge ich zum Beispiel beim Trainieren von neuen Aufgaben den Clicker, weil er prägnanter ist und den Hund besser erreicht. Ebenfalls finde ich mich persönlich genauer im Timing, aber das kann von Person zu Person variieren. Für geräuschempfindliche Hunde kann der Clicker hingegen zu laut sein. Dann ist ein Wort die bessere Wahl.

Das Markersignal ist ein Brückensignal, mit dem man erwünschtes Verhalten markiert und dem Lernenden ankündigt, dass er sich jetzt eine Belohnung verdient hat, die er auf jeden Fall bekommt. Das Markersignal überbrückt also die Zeit bis zur tatsächlichen Belohnung. Das hat große Vorteile, wenn man bedenkt, dass die Verstärkung innerhalb von 0,8 Sekunden erfolgen muss, damit das Verhalten tatsächlich verstärkt und dadurch öfter gezeigt wird. Mit dem konditionierten Markersignal ist es möglich, jegliches Verhalten, ob spontan gezeigt oder abgefragt, auch auf größere Entfernung „einzufangen", also punktgenau zu verstärken. Gerade das kann bei unseren Dreiecksübungen ein großer Vorteil sein.

Der Aufbau eines Markersignals funktioniert in der Regel schnell. Suchen Sie hierzu einen Ort auf, an dem Ihr Hund weder von auditiven noch visuellen Reizen abgelenkt wird, und halten Sie einige sehr gute Leckerchen bereit, aber nicht sichtbar oder in der Hand. Jetzt lassen Sie Ihr gewähltes Markersignal ertönen (Clickgeräusch oder ein Wort wie „Click", „Yes", „Top" oder „Yip") und geben Ihrem Hund sofort im Anschluss ein Leckerchen. Er muss dafür nichts anderes tun. Achten Sie darauf, wirklich erst nach dem Markersignal das Futter aus der Tasche, Schale oder Tüte zu holen. Dies bedeutet, dass Ihre Hände eine neutrale Position neben dem Körper einnehmen, ohne bereits in der Nähe der Futtertasche zu „schweben". Das ist wichtig, weil Hunde vorrangig Bewegungen wahrnehmen. Würden Sie zu früh nach dem Futter greifen, würde Ihr Hund wahrscheinlich mehr auf die Bewegung achten und das Markersignal nur im Hintergrund registrieren. So überschatten Sie Ihr Markersignal und die Verknüpfung wird ungenau und langsamer erfolgen. Wiederholen Sie diesen Ablauf vier bis fünf Mal. Nun warten Sie, bis der Hund seine Aufmerksamkeit kurz von Ihnen abwendet und lassen dann Ihr Markersignal ertönen. Dreht er den Kopf daraufhin sofort in Ihre Richtung, war die Konditionierung erfolgreich. Klappt dies noch nicht, sollten Sie auf eine für ihn interessantere Futterbelohnung umsteigen oder die Umgebung reizarmer machen.

Ist das Markersignal einmal konditioniert, können Sie es im Training einsetzen. Vergessen Sie aber nicht, es sorgfältig zu pflegen, indem Sie immer sofort danach eine Belohnung geben, damit es ein Leben lang seine Zauberkraft behält. Denn genau das ist es: ein Zaubersignal.

Jetzt haben wir unser Zauberwort oder das Clicksignal konditioniert.

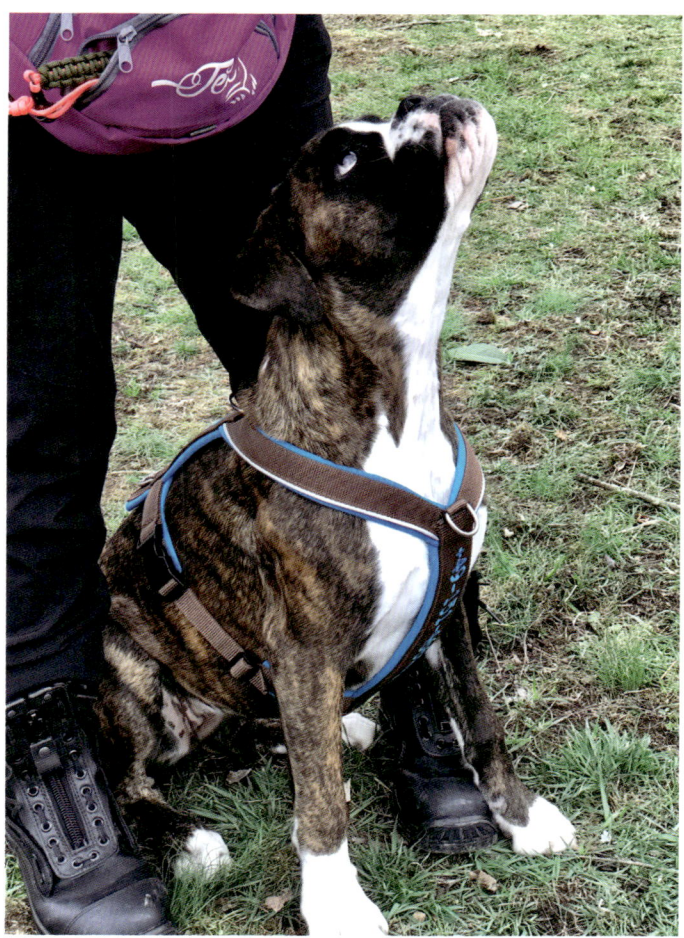

Auch junge Hunde wie Jette lernen durch das Clickertraining blitzschnell neue Verhalten.

Operantes Lernen

B.F. Skinner hat das operante Lernen beschrieben und geprägt. Operant bedeutet: der Lernende tut etwas, wodurch sich für ihn etwas verändert. Anders herum gesagt: der Lernende verhält sich auf eine gewisse Weise, damit er zu einer Konsequenz gelangt. Neben den vier unten beschriebenen Lernmodalitäten beinhaltet operantes Lernen noch einige andere Aspekte, die wir zu berücksichtigen haben.

Die vier Lernmodalitäten

Positive Verstärkung:

Der Hund bietet ein Verhalten an, das wir gut, richtig oder erwünscht finden. Wir verstärken es, in dem wir ihm etwas geben, was er gerne hat und wofür er noch mehr leisten wird. Das Verhalten wird stärker werden.

Beispiel: Ihr Hund setzt sich hin. Sie finden das Verhalten gut und belohnen ihn dafür. Er findet die Belohnung gut und stark genug um das Sitzen öfters, stärker, prompter, länger an zu bieten.

Nebeneffekt/Risiko –> Motivation/
voreilige Kooperation

Negative Verstärkung:

Der Hund bietet ein Verhalten an, das wir gut, richtig oder erwünscht finden. Wir verstärken es in dem wir ihm etwas wegnehmen, das in der Umwelt anwesend war und er nicht gerne hat beziehungsweise das er gerne meiden würde. Das Verhalten wird stärker werden.

Beispiel: Ihr Hund hat Angst vor einem Objekt. Sie möchten, dass er ruhig bleibt, wenn dieses angstauslösende Objekt anwesend ist. Das ruhige Verhalten wird belohnt, in dem Sie das Objekt wieder entfernen. Da er weiß, dass die Konsequenz seines ruhigen Verhaltens die Entfernung des Objektes ist, wird er in Zukunft ruhiger bleiben.

Nebeneffekt/Risiko –> Meideverhalten /
Stresszeichen

Positive Bestrafung:

Der Hund zeigt ein Verhalten an, das wir nicht richtig, gut oder wünschenswert finden. Wir bestrafen es, in dem wir dem Hund etwas hinzufügen, das er unbedingt vermeiden möchte. Das Verhalten wird entsprechend der Kraft der Strafe weniger gezeigt, schwächer werden oder aufhören.

Beispiel: Ihr Hund steht aus dem Sitzen auf. Sie möchten das nicht und drücken ihn jedes Mal, wenn er das macht, unsanft wieder in die Sitzposition. Wenn ihm das herunter Drücken unangenehm genug ist, wird er in Zukunft nicht mehr von alleine aus dem Sitzen aufstehen.

Nebeneffekt/Risiko –> Meideverhalten/Stressverhalten/Aggression

Negative Strafe:

Der Hund zeigt ein Verhalten, das wir nicht richtig, gut und wünschenswert finden. Wir bestrafen es, in dem wir dem Hund etwas wegnehmen, das er gerne hätte. Das Verhalten wird schwächer werden oder aufhören.

Beispiel: Ihr Hund springt Sie an, während Sie ein Spielzeug in der Hand haben, weil er das Spielzeug haben will. Sie möchten das nicht. Jedes Mal, wenn er hochspringt, stecken Sie das Spielzeug in die Tasche und machen es für den Hund unzugänglich.

Nebeneffekt/Risiko –> Frustration/Übersprungsverhalten

Gesi ist voller Eifer unterwegs. Einer der wichtigsten Effekte von Training mit positiver Verstärkung.

Kleine Auffrischung: Markertraining

9. Balance in den Dreiecksübungen

In diesem Kapitel möchte ich gern noch einmal auflisten, welche Faktoren die Übungen vereinfachen und welche sie schwerer machen. Ich finde das ausgesprochen wichtig, denn Ihr Erfolg steht und fällt damit, wie Sie Ihre Übung planen und gestalten. Allzu oft stelle ich fest, dass man als Mensch nicht realisiert, wie anspruchsvoll diese Übungen sind – und dann wird entweder das Niveau stetig und konsequent angehoben oder die Anzahl der Wiederholungen ist schlicht und ergreifend zu hoch. Das heißt nicht unbedingt, dass Sie immer wieder zum ersten, unteren Niveau zurückkehren müssten, wenn die Luft raus ist, aber es sollte Ihnen ein paar Ideen dafür geben, wie Sie die Ansprüche moderieren können. Manchmal reicht es nämlich, wenn Sie an nur einem Element etwas verändern. Und vergessen Sie nicht: hier geht es um eine Übung, mit der Sie Ihrem Hund Auslastung und Spaß ermöglichen möchten.

Faktoren, die eine Übung **leichter** machen können, haben immer damit zu tun, dass im Einzelnen die Leistung, der Anspruch und der Aufwand für den Hund kleiner sind:

◈ Weniger Stationen (weniger Leistung)

◈ Kleinere Distanzen (weniger Laufleistung)

Snoopy sprintet los – voller Freude!

- Das Gelände ist offen und übersichtlich
- Distanz zur Beute ist größer als zur Person (weniger Impulskontrolle, weniger verleitend)
- Die Beute liegt in einer anderen Richtung als Target/Umrundungsobjekt/Person (leichtere Entscheidung)
- Wenige Übungen (weniger Leistung)
- Leichte, sehr gut bekannte Übungen (geringerer Anspruch)
- Übungen, die einfach zu kombinieren sind (wenig Ähnlichkeit zeigen) (Eindeutiger und weniger Körpereinsatz)
- Beute liegt sichtbar aus (weniger Aufwand)
- Beute liegt nicht auf einer nicht allzu großen Distanz aus (weniger Wartezeit, weniger Lauf – oder Suchaufwand)
- Die Versteckplätze sind recht einfach gehalten (weniger Leistung)
- Ihr Hund ist nicht übermäßig erregt (Impulskontrolle)
- Ihr Hund ist noch „frisch" und nicht ermüdet (Leistung)
- Es sind wenige Ablenkungen im Gelände (Impulskontrolle und Konzentration)

Faktoren, die eine Übung **schwieriger** machen, reduzieren meistens den Aufwand, die Entscheidungsschwierigkeit, die Laufleistung, die Suchleistung, den Schwierigkeitsgrad, die Ausdauer einer Übung. Sollte Ihr Hund Zeichen der Überforderung zeigen, dann liegt oftmals die Lösung darin, zu schauen, wie schwer die einzelnen Übungen oder die Kombination derer in der Summe sind. Erschwerende Faktoren sind:

- Mehr Stationen (Fünfeck ist schwieriger als Dreieck, mehr Leistung)
- Größere Distanzen (das Warten ist länger, die Laufanforderung höher)
- Distanz zwischen Beute und Hund ist kleiner als zwischen Hund und Person (die Impulskontrolle wird stärker beansprucht)
- Die Ausrichtung der Beute ist ungefähr oder ganz deckungsgleich mit der Laufrichtung zur Person oder zum Target/Baum (die Impulskontrolle und Ausdauer werden stärker beansprucht)
- Mehrere Übungen werden zwischen den Stationen abgefragt (mehr Leistung, mehr Konzentration, Ausdauer)
- Es sind neuere Übungen dabei (mehr Konzentration und Denkleistung)
- Die Übungen, die nach einander abgefragt werden, sind recht ähnlich (mehr Denkleistung und Konzentration)

- Die Beute liegt sichtbar aus, aber es sind andere Hunde oder Personen anwesend (Impulskontrolle)

- Die Beute ist versteckt und die Suche ist nicht einfach (die Belohnung ist weniger leicht zugänglich)

- Ihr Hund ist recht erregt oder abgelenkt durch Umweltfaktoren (Straßenverkehr, Wild, andere Hunde, Geräusche…) (Konzentration und Impulskontrolle)

- Ihr Hund ist schon etwas müde und beansprucht

- Das Gelände bietet viele Erhebungen und Vertiefungen und machen die Einschätzung für den Hund schwerer

Behalten Sie das Gleichgewicht in Ihren Übungen und die Leistung, die Geschwindigkeit und die Kooperationsbereitschaft Ihres Hundes genau im Blick, häufen Sie nicht zu viele und nicht zu komplizierte Übungen in einem Durchgang zusammen und halten Sie sich daran, die Übungen nicht endlos zu wiederholen. Bei meinen Hunden, die die Dreiecksübungen jetzt seit ihrer Kindheit spielen und relativ anspruchsvolle Übungen mit längeren Suchen und mehreren Stationen bekommen, reichen drei bis vier Wiederholungen, wenn die Sitzung genau auf das Dreieckspiel ausgerichtet ist. Unterwegs auf dem Spaziergang sind das meistens nur ein bis zwei Wiederholungen. Geben Sie zwischen den Wiederholungen ausreichend Verschnaufpausen. Mir persönlich ist es in diesen Pausen egal, ob die Hunde sich in dieser Zeit mit dem Spielzeug alleine amüsieren, herumrennen oder – liegen oder ob Sie es mir schon mal gebracht haben, damit es irgendwann weitergeht. Hören Sie dann auf, wenn Ihr Hund noch voller Elan dabei ist. Wenn er sich immer etwas weiter mit der Beute entfernt, Ihnen nur noch ungern seine Beute entgegenbringt oder abgibt oder anfängt, sein Spielzeug zu zerstören, ist eine Beendigung angesagt.

Wenn Sie nur eine kurze Verschnaufpause machen, reicht es, wenn Sie Ihren Hund bitten, kurz zu warten. Möchten Sie jedoch die Sitzung gänzlich beenden und das Spielzeug einpacken, dann wäre ein extra Signal dafür angebracht, zum Beispiel „fertig" oder „genug". So erwartet Ihr Hund nicht, dass es nachher weitergeht und muss er nicht frustriert werden. Für meine Hunde ist dies ein deutliches Zeichen, sich zurückzunehmen und sich jetzt alleine zu unterhalten.

Cody nutzt die Nachbesprechungen der Übung, um sich zu erholen.

Übersicht der Kombinationsmöglichkeiten

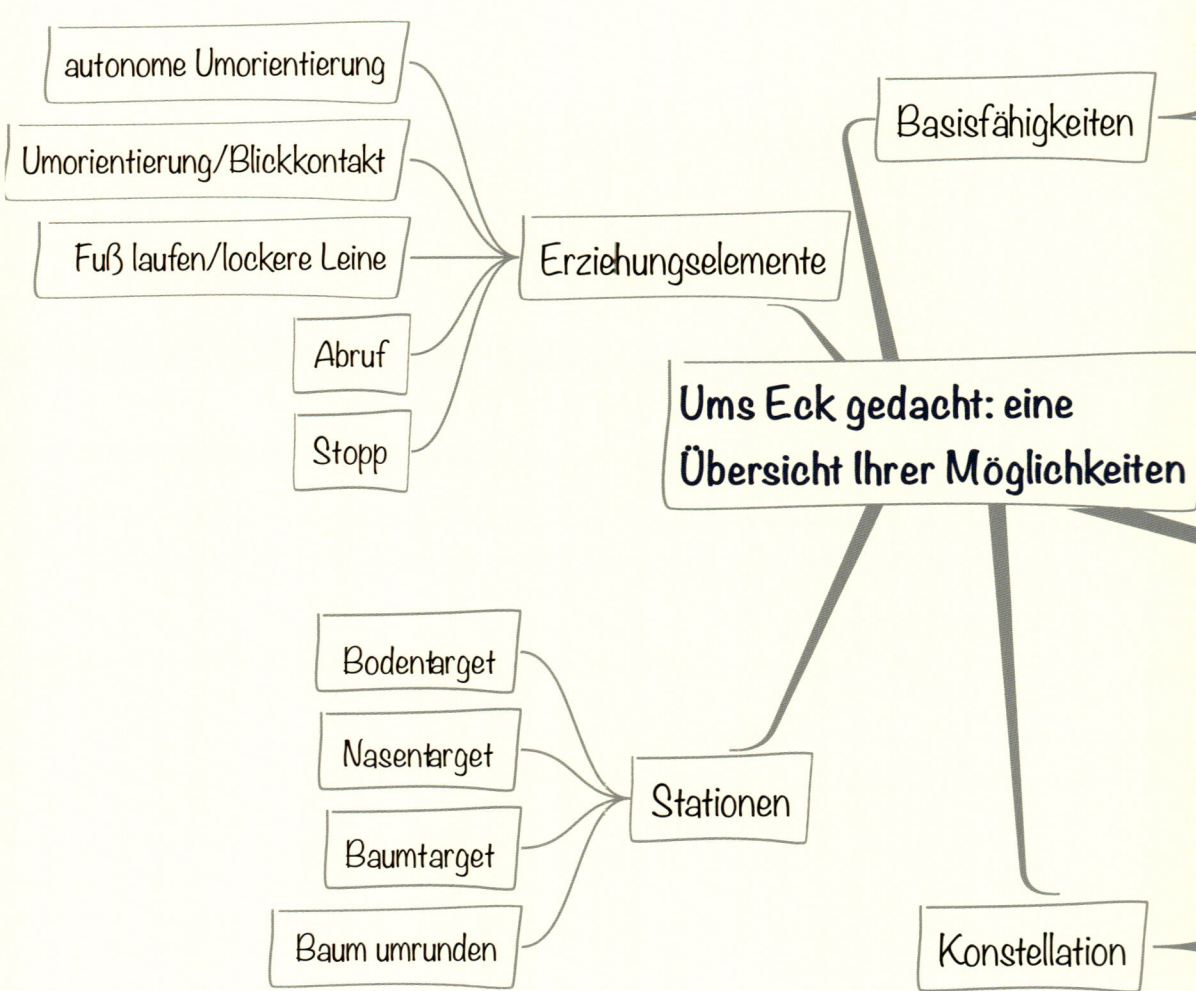

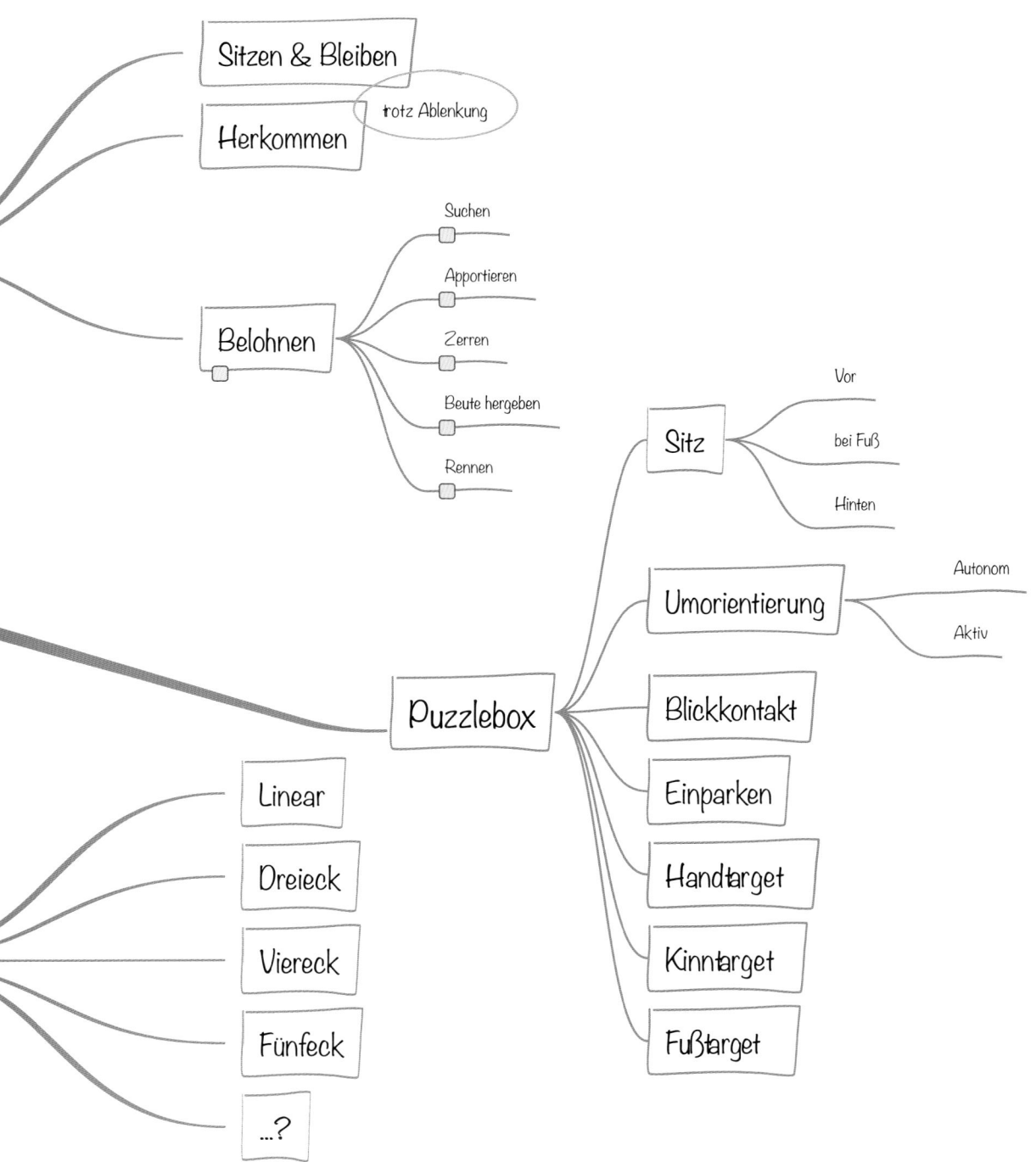

Schlusswort

Ich hoffe, dass Sie bis zum Ende dabeigeblieben sind, denn dann sind Sie und Ihr Hund mit Sicherheit ein starkes, fähiges Team. Ich hoffe auch, dass Ihnen und Ihrem Hund durch den kleinschrittigen Aufbau das Lernen leichtgefallen ist und dass weder Sie noch Ihr Hund sich überfordert gefühlt haben. Lassen Sie den Ehrgeiz zu Hause und machen Sie sich keine Sorgen, wenn Sie zwischendurch mal einige ganz einfache Übungen machen. Behalten Sie jedoch Ihren Fortschritt im Auge. Persönlich mache ich mir da keine Sorgen, denn wer öfters übt, wird nicht anders können, als besser zu werden. Außerdem hoffe ich, dass Sie im Laufe der Übungen aus dem Buch auch auf eigene neue Ideen kommen, sich neue Kombinationen und neue Übungen ausdenken, damit Sie für sich und Ihren Hund die Übungen spannend und abwechslungsreich halten können.

Ich bin gespannt auf Ihre kreativen Entwicklungen!

In diesem Sinne danke ich Ihnen für das Lesen dieses Buches und freue mich schon auf viele glückliche Hundegesichter.

Ihre Katrien Lismont

Danksagung

Es ist ein wunderbares Gefühl, wenn die angestauten Ideen und Gedanken endlich aus dem Kopf herausgeschrieben und nun geordnet in einem Buch verfasst sind. Dem Kynos Verlag, insbesondere Frau Gisela Rau, danke ich für die Möglichkeit, diese Ideen veröffentlichen zu können.

Ich hoffe von ganzem Herzen, dass die Leserinnen und Leser und auch deren Hunde eine Menge Spaß und Freude an diesen Übungen entdecken werden und dass sie feststellen können, wie unendlich viele Möglichkeiten es gibt, für sich und seinen Hund immer spannende Aufgaben zu finden. Auf dass langweilige Schnüffelspaziergänge zur Vergangenheit gehören bzw. mit etwas Spaß, Spannung und Action abgewechselt werden können!

Die Idee zu diesem Buch habe ich ganz klar meiner Wenonah zu verdanken: unermüdliche Mitforscherin und Mitgestalterin von tausendfachen Variationen der Dreiecksübungen. Immer dabei ist sie, immer voller Erwartung und bis zur letzten Wiederholung mit ungebrochenem Elan. Egal welche neue Idee, sie spielt sie mit, und zwar genau so, wie ich es mir ausdenke und erwarte. Die Freude in ihren Augen, ihre Geschwindigkeit und ihre Konzentration sind ein komplettes Geschenkpaket für mich, so wie sie selber und ihr ganzes Wesen. Natürlich haben auch Ilios und Hutch mitgewirkt: Ilios bis 2016, Hutch bis heute im Alter von 12. Seit 2017 ist auch Eden mit von der Partie: und was soll ich sagen: auch er hat helle Freude am Abwarten und Losspurten, am Suchen und am Knobeln. Wir sind schon ein gutes und verrücktes Team!

Vielen Dank an meine fleißigen Kundinnen, die das Dreieckspiel auch in ihren Alltag mit Hund integriert haben: Irene & Kira, Franziska & Snoopy, Karin & Kimba und Lewis, Petra & Karlo, Ruth & Kenzo, Sabine & Cody. Ihr seid wundervoll und zu bewundern, denn das Fotoshooting bei nahezu 40°C war nichts für Anfänger! Danke für Eure Treue und für Eure Hilfe!

Claudia und Mike Winter möchte ich danken für die vielen tollen Bilder und Daphne Mpaltisidis für das schnell geschossene, aber sehr gelungene Titelbild.

Wie immer möchte ich hier erwähnen, dass das Ganze nicht möglich wäre ohne die Unterstützung meines Mannes Paul Heldens: Trotz seines prall gefüllten Terminkalenders und anspruchsvollen Jobs ist er immer bereit, für die Hunde da zu sein, Texte nachzulesen, konstruktiv mitzudenken, die Übungsgelände tadellos zu halten und generell Ordnung in mein generelles Chaos zu bringen. Auch du bist ein Geschenk!

Über die Autorin

Nach einer Karriere als Exportmanagerin in der Textilindustrie lernte Katrien Lismont 2003 als Quereinsteigerin in die Hundewelt die Tellington TTouch® Methode kennen. Seitdem gab es kein Halten mehr: Es folgten eine Ausbildung zur Verhaltenstrainerin bei Sheila Harper (IDTS), Bachblüten-Beraterin bei Dr. Med. Götz Blome, LEB/T® bei Anke Domberg, Cum-Cane-Hundetrainerin bei Dr. Ute Blaschke Berthold, LLA-Verhaltensanalyse bei Dr. Susan Friedman und zertifizierte BAT-Instruktorin bei Grisha Stewart. Wie es in einer Hundelaufbahn oft geschieht, kamen Fortbildungen in Sachen Hundetraining und -beschäftigung verschiedenster Möglichkeiten dazu – immer basierend auf einem gewaltfreien Umgang mit den Hunden.

Katrien Lismont führt die Hundeschule DOGood® in Bretzfeld bei Heilbronn, wo sie mit ihrem Mann und drei Hunden lebt. Sie ist bekannt durch viele Seminare, die sie bundesweit und im Ausland leitet, durch ihr spezielles Intensivtraining - Konzept, bei dem Mensch und Hund Urlaub mit Verhaltenstraining verbinden können und von Beiträgen in diversen Hundemedien. Ihr erstes Buch „Hund trifft Hund" erschien 2017.

Hier geht's zum YouTube-Kanal **Ums Eck gedacht** von Katrien Lismont mit Beispielen für Dreiecks-, Vierecks- und Fünfecks-Übungen!

Chrissi Schranz

Komm zu mir!

Sechs-Wochen-Kurs für einen sicheren Rückruf

Komm zu mir! kommt dem Besuch einer Trainingsstunde so nahe, wie ein Buch das nur kann: Schritt-für-Schritt-Anleitungen, Checklisten und Trainingstagebuch-Seiten zum Ausfüllen helfen dem Leser, die Fortschritte seines Hundes zu dokumentieren und sich Schritt für Schritt einen verlässlichen Rückruf zu erarbeiten.

Mithilfe kurzweiliger Tests und Gedankenexperimente ist der Leser angehalten, den eigenen Vierbeiner ganz genau kennenzulernen und die Art von Rückrufspielen zu wählen, die sich am besten für ihn eignen.

Das Ergebnis? Ein systematisches, kurzweiliges Arbeitsbuch zum Überall-dabei-Haben, das innerhalb von sechs Wochen – jedes Kapitel entspricht einer Woche – die Mensch-Hund-Beziehung und den Rückruf festigt.

ISBN: 978-3-95464-170-3
Preis: 24,95 €

Viviane Theby

Verstärker verstehen

Über den Einsatz von Belohnung im Hundetraining

Belohnen ist weit mehr als nur gelegentlich Leckerchen geben: Im richtigen Belohnen steckt ein riesiges Potenzial, um das Training von Hunden effektiver zu gestalten und gewünschte Verhaltensweisen felsenfest zu verankern.

Die erfolgreiche Tiertrainerin Viviane Theby erklärt auf solider wissenschaftlicher Grundlage aktueller Lerntheorie, warum richtige Belohnungen so machtvolle Verstärker von Verhalten sind, worin der Unterschied zwischen primären und sekundären Verstärkern besteht, warum das exakte Timing entscheidend ist und was es mit Belohnungskriterien und Belohnungsraten auf sich hat.

Damit Sie die Verstärker nicht nur verstehen, sondern auch anwenden können, bietet das Buch zahlreiche Praxisübungen zur Verfeinerung Ihrer eigenen Technik.

ISBN: 978-3-95464-184-0
Preis: 24,95 €

Diese und viele weitere Bücher finden Sie unter www.kynos-verlag.de